KINZAI バリュー叢書

再エネ法入門

環境にやさしい再生可能エネルギービジネス入門

渥美坂井法律事務所・外国法共同事業
弁護士 坂井　豊
［著］
弁護士法人三宅法律事務所
弁護士 渡邉　雅之

■はしがき

　本書は、平成24年7月に施行された「電気事業者による再生可能エネルギー電気の調達に関する特別措置法」（以下「再エネ特措法」）に関する入門書です。筆者らは、民主党の階猛衆議院議員をグループリーダーとする再生エネルギーワーキンググループを一昨年設立し、再エネ特措法についての研究を行ってまいりました。再エネ特措法の内容および関連する諸契約やファイナンスに関しては、本書を読めば基本的な事項を理解していただけるのではないかと期待しております。

　第1章においては、再エネ特措法の内容について解説しています。とりわけ、特定供給者（再生可能エネルギー事業者）にとって理解しておくべき事項を重点的に取り上げています。特に、特定契約および接続契約に関しては、その拒否事由、法的性格、各電力会社の再生可能エネルギーに関する契約要綱、資源エネルギー庁が公表した特定契約・接続契約のモデル契約書について詳細に説明をしています。

　第2章においては、再生可能エネルギー源ごとの諸論点について解説しています。とりわけ、太陽光発電については、事業に必要な許認可等やファイナンス手法について詳細に説明しています。

　補論においては、再エネ特措法に関する紛争に関して解説しています。

　巻末資料としては、資源エネルギー庁が公表した特定契約・接続契約のモデル契約書を掲載するとともに、解説を加えてい

ます。解説部分については、資源エネルギー庁が公表している「特定契約・接続契約モデル契約書の概要」および同庁主催の説明会における内容を参考としていますが、解説自体は「衆議院議員階猛再生エネルギーワーキンググループ」での検討に基づく独自の解説であり、本解説が資源エネルギー庁から公表されたものではなく、同庁の見解ではないことにご留意ください。

　また、巻末資料としてあわせて、売電債権譲渡担保権設定契約書、太陽光発電設備の動産譲渡担保権設定契約書、スポンサーサポート（案）を参考に添付させていただきました。

　最後に、ワーキンググループのグループリーダーである階猛衆議院議員およびメンバーの方々、ならびに本書の編集にご尽力いただいた、金融財政事情研究会出版部の髙野雄樹氏に深く感謝申し上げます。

　本書が、再生可能エネルギー事業にかかわるさまざまなプレイヤーの方々の業務に少しでもお役に立てれば光栄です。

平成25年1月吉日

弁護士　**坂井　豊**
弁護士　**渡邉　雅之**

【著者略歴】

坂井　豊（さかい　ゆたか）

- 1980年　慶應義塾大学法学部卒業
- 1985年　弁護士登録（第一東京弁護士会）
- 1990年　ロンドン大学クイーン・メアリー法学修士（LL.M.）修了
- 現　在　渥美坂井法律事務所・外国法共同事業シニアパートナー弁護士
  - ニュー・フロンティア・キャピタル・マネジメント株式会社取締役（非常勤）
  - アンカー・シップ・インベストメント株式会社代表取締役（非常勤）
  - アンカー・シップ・パートナーズ株式会社代表取締役（非常勤）

　現在、各種資産の証券化、その他のストラクチャードファイナンス、プロジェクトファイナンス、船舶金融、航空機リース、シンジケート・ローン、環境ファイナンス、その他新金融商品の開発、環境法の業務を取り扱っている。

渡邉　雅之（わたなべ　まさゆき）

- 1995年　東京大学法学部卒業
- 1998年　総理府入府
- 2001年　弁護士登録（第二東京弁護士会）
- 2007年　Columbia Law School（LL.M.）修了
- 現　在　弁護士法人三宅法律事務所パートナー弁護士

　現在、金融規制法に関する助言、コーポレートファイナンスに関する業務、環境関連業務、マネー・ローンダリング・反社対策に関する業務などを取り扱っている。

凡　例

「再エネ特措法」：電気事業者による再生可能エネルギー電気の調達に関する特別措置法（平成23年法律第108号）

「再エネ特措法施行令」：電気事業者による再生可能エネルギー電気の調達に関する特別措置法施行令（平成23年政令第362号）

「再エネ特措法施行規則」：電気事業者による再生可能エネルギー電気の調達に関する特別措置法施行規則（平成24年経済産業省令第46号）

「PA」：再生可能エネルギーの固定価格買取制度パブリックコメントに関する意見概要及び回答

「平成24年告示」：電気事業者による再生可能エネルギー電気の調達に関する特別措置法第三条第一項及び同法附則第六条で読み替えて適用される同法第四条第一項の規定に基づき、同法第三条第一項の調達価格等並びに調達価格及び調達期間の例に準じて経済産業大臣が定める価格及び期間を定める件」（平成24年経済産業省告示第139号）

目 次

第1章
再エネ特措法の解説

1 再エネ特措法制定の背景 …………………………………………2
 (1) RPS制度 ……………………………………………………2
 (2) 太陽光発電の余剰電力買取制度 ……………………………5
 (3) 再エネ特措法の制定経緯 ……………………………………6
2 再エネ特措法の目的・基本的な枠組み ………………………16
 (1) 目　的 ………………………………………………………16
 (2) 再エネ特措法の基本的な枠組み …………………………16
3 調達価格と調達期間 ……………………………………………22
 (1) 決定のプロセス——調達価格等算定委員会案の意見の尊重 ……………………………………………………………22
 (2) 買取区分・調達価格・調達期間について ………………23
 (3) 調達価格決定のための考慮要素 …………………………24
 (4) 平成24年度の調達価格・調達期間と平成25年度の調達価格・調達期間の動向 ……………………………………………25
 (5) 調達価格の決定時点、調達期間の起算時期 ……………27
 (6) 過去に決定された調達価格・調達期間の変更の可能性 …28
 (7) 施行後3年以内に接続契約の申込みをすることの重要性 …30
 (8) 特定契約の相手方が変更された場合の調達価格・調達期間 ……………………………………………………………31

(9) 欧州における固定価格買取制度 ……………………………………32
4 特定供給者 ……………………………………………………………………37
　(1) 特定供給者となりうるもの ……………………………………………37
　(2) リース・業務委託の場合 ………………………………………………38
　(3) 特定供給者の供給義務の有無 …………………………………………38
5 特定契約に応ずる義務 ……………………………………………………40
　(1) 特定契約の意義・拒否事由（「正当な理由」）の考え方 ………40
　(2) 特定契約の締結を拒むことができる正当な理由の具体的
　　　な内容 …………………………………………………………………41
6 接続契約に応ずる義務 ……………………………………………………53
　(1) 接続契約の意義・拒否事由（「正当な理由」）の考え方 ………53
　(2) 特定規模電気事業者 ……………………………………………………54
　(3) 拒否事由の具体的内容 …………………………………………………55
7 特定契約・接続契約の性格 ………………………………………………64
　(1) 契約関係のパラダイムシフト …………………………………………64
　(2) 特定契約締結・接続契約締結を拒否できる事由 ……………………65
　(3) 電気事業者の承諾義務 …………………………………………………65
　(4) 拒否事由は強行規定か任意規定か ……………………………………66
　(5) 連系覚書・電力受給仮契約書 …………………………………………69
　(6) 特定契約書と接続契約書の立て付け …………………………………69
　(7) 複数の特定契約 …………………………………………………………69
8 再エネ契約要綱の検討 ……………………………………………………71
　(1) 各電力会社の再エネ契約要綱 …………………………………………71
　(2) 再エネ契約要綱に基づく電力受給契約締結の手続 …………………72

(3) 再エネ契約要綱の問題点 ……………………………………… 74
　(4) 再エネ特措法に基づく契約要綱の適正化の動き ………… 83

9　モデル契約書の検討 ………………………………………………… 90
　(1) モデル契約書の立て付け ……………………………………… 90
　(2) 注目すべきモデル契約書の条項 ……………………………… 91
　(3) モデル契約書の修正 …………………………………………… 95
　(4) モデル契約書による契約を求める方法 ……………………… 97
　(5) 結　び ……………………………………………………………… 97

10　再生可能エネルギー発電設備を用いた発電の認定 ………… 99
　(1) 設備認定について ……………………………………………… 99
　(2) 各発電ごとの認定基準 ………………………………………… 100
　(3) 認定手続 ………………………………………………………… 104
　(4) 価格区分の異なる複数の認定設備を併用する場合の取扱
　　い（平成24年告示） ……………………………………………… 106
　(5) 変更認定・軽微な変更の届出 ………………………………… 106
　(6) 変更認定申請を行った場合における電力会社との契約
　　手続 ……………………………………………………………… 107
　(7) 軽微変更届出を行った場合の電力会社との契約手続 ……… 108
　(8) 太陽光発電設備の発電出力の考え方について …………… 109
　(9) 認定発電設備が譲渡・移設された場合 …………………… 109

11　電気事業者間の費用負担の調整・賦課金（サーチャー
　　ジ） ………………………………………………………………… 111
　(1) 電気事業者間の費用負担の調整 …………………………… 111
　(2) 賦課金制度 ……………………………………………………… 112

(3) 賦課金の減免制度 ··· 113
12 その他 ··· 115
 (1) 電気事業法の卸供給規制に係る規制(再エネ特措法
    7条) ··· 115
 (2) RPS法の廃止 ··· 115
 (3) 既存設備の取扱い ·· 116
 (4) 見 直 し ··· 117

第2章

再生可能エネルギー源ごとの諸論点

1 太陽光発電 ··· 120
 (1) 太陽光発電の現状と課題 ·· 120
 (2) 太陽光発電への異業種の参入状況 ···························· 124
 (3) 地方自治体の誘致 ·· 125
 (4) 太陽光パネルメーカーの状況 ·································· 127
 (5) 日本卸売電気取引所(分散型・グリーン売電市場) ········ 129
 (6) メガソーラーの運転・保守管理 ······························· 131
 (7) 太陽光発電事業に必要な許認可等 ···························· 131
 (8) 太陽光発電へのファイナンス ·································· 148
2 風力発電 ··· 177
 (1) 風力発電の現状と課題 ··· 177
 (2) 日本の風力発電事業者の現状 ·································· 178
 (3) 風力発電に関する法律上の規制 ······························· 179

- (4) 洋上風力発電の飛躍的導入に向けた戦略 ……………………… 187
- 3 地熱発電 ……………………………………………………………………… 189
  - (1) 地熱発電の現状と課題 ………………………………………………… 189
  - (2) 地熱発電に関する法律上の規制 ……………………………………… 191
  - (3) 「地熱発電」の飛躍的導入に向けた戦略 …………………………… 196
- 4 バイオマス発電 ……………………………………………………………… 199
  - (1) バイオマス発電の現状と課題 ………………………………………… 199
  - (2) 「バイオマス発電」の飛躍的導入に向けた課題 …………………… 201
  - (3) バイオマス事業化戦略 ………………………………………………… 202
- 5 中小水力発電 ………………………………………………………………… 208
  - (1) 水力発電全体の動向 …………………………………………………… 208
  - (2) 中小水力発電の導入事例 ……………………………………………… 208
  - (3) 中小水力発電のポテンシャル ………………………………………… 209
  - (4) 中小水力発電の導入事業者別のシェア ……………………………… 209

補論
再エネ特措法に関する紛争に関して

- 1 総論 …………………………………………………………………………… 212
- 2 特定契約 ……………………………………………………………………… 213
- 3 再エネ特措法6条1項 ……………………………………………………… 215
- 4 再エネ特措法3条8項 ……………………………………………………… 216

資 料 編

1. 特定契約・接続契約モデル契約書 ……………………………220
2. 債権譲渡担保権設定契約書 ……………………………………267
3. 動産譲渡担保権設定契約書 ……………………………………286
4. スポンサーサポート(案) ………………………………………303

【索　引】………………………………………………………………307

第 1 章 再エネ特措法の解説

1 再エネ特措法制定の背景

(1) RPS制度

再エネ特措法(「電気事業者による再生可能エネルギー電気の調達に関する特別措置法」)が平成24年7月から導入される以前にも、再生可能エネルギーの活用を義務づける法律・制度がすでに導入されていた。

その一つとして、平成15年4月、「電気事業者による新エネルギー等の利用に関する特別措置法」(「RPS法」)が全面施行された。同法は、電気事業者に対して、毎年度、販売電力量に応じて経済産業大臣の認定を受けた新エネルギー等発電設備によって発電された、一定割合以上の新エネルギー等電気の利用を義務づけるものである。

電気事業者は以下の選択肢のなかから経済性などの点を考え、最も優れた方法を選んで、新エネルギー等電気の利用を行う。

---

① 自ら新エネルギー等電気を発電供給する。
② 他から新エネルギー等電気を購入して供給する。
③ 他から新エネルギー電気相当量を購入する(義務量の減少)。

図表1-1 再生可能エネルギー等発電量(電力会社による調達量)の経年変化

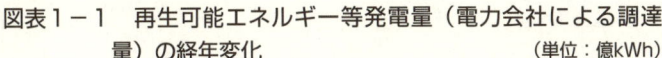
（単位：億kWh）

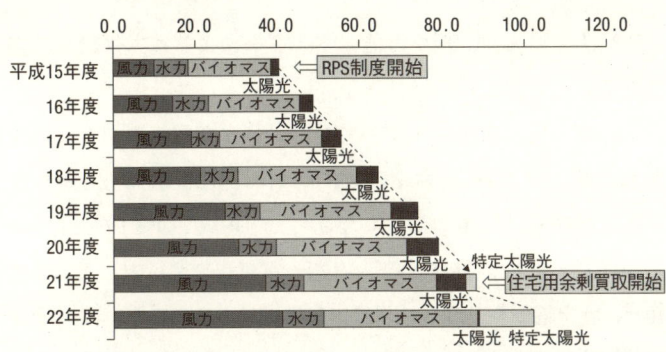

※1 本データはRPS法の認定を受けた設備からの電力供給量を示したもの。RPS法施行前の電力量、RPS法の認定を受けていない設備から発電された電力量、およびRPS法の認定を受けた設備から発電され、自家消費された電力量は本データには含まれない。
※2 平成21年11月より余剰電力買取制度の対象となる太陽光発電設備は特定太陽光として算出。
(出所) 資源エネルギー庁資料「再生可能エネルギーの固定価格買取制度について」参照

　義務の履行には、認定された設備で発電された新エネルギー等電気を利用しなければならない。対象となる「新エネルギー等」は以下のとおりである。

○太陽光発電
○風力発電
○バイオマス発電
○中小水力発電（ダム式、水路式、ダム水路式で出力1,000キロワット〈以下「kW」〉以下）

○地熱発電

　RPS法の導入後、再生可能エネルギーによる電力供給量は倍増している（図表1-1）。

　平成23年度に新エネルギー等発電設備から電気事業者に供給された新エネルギー等電気供給量は、121億770万5,651キロワット・アワー（以下「kWh」）であった（内訳は図表1-2）。

　平成23年度は、義務対象者である電気事業者60社（電力会社10社、特定電気事業者5社、特定規模電気事業者45社）に、総量110億2,650万7,000kWhの新エネルギー等電気を利用する義務

図表1-2　発電形態別新エネルギー等電気供給総量　　（単位：kWh）

発電形態	新エネルギー等電気供給量
風力発電	4,630,583,557
水力発電	1,039,803,559
太陽光発電	56,003,358
バイオマス発電	4,265,211,910
地熱発電	7,626,312
複合型発電	5,347,788
計	10,004,576,484
特定太陽光発電	2,103,129,167
合計	12,107,705,651

※1　平成22年度から平成23年度へのバンキング量：41億7,369万kWh
※2　「特定太陽光発電」とは、太陽光発電設備による新エネルギー等電気のうち、「太陽光発電の余剰電力買取制度」により電気事業者に買取義務のある電気であり、RPS法の義務履行に充当できないもの。
（出所）　平成24年7月27日資源エネルギー庁新エネルギー等電気利用推進室「電気事業者による新エネルギー等の利用に関する特別措置法の平成23年度の施行状況について」

が課された。義務対象者である電気事業者から平成23年度の義務履行状況の届出があり、平成23年6月と8月に電気事業を廃止した2社を除き、義務履行対象者の届出量は義務量以上であった。

電気事業者23社と発電事業者13社が、平成24年度へ「バンキング」[1]を行っており、「バンキング」の総量は30億4,905万kWh（電気事業者：29億6,509万3,000kWh、発電事業者：8,395万7,000kWh）であった[2]。

RPS法は、再エネ特措法の施行により廃止された（再エネ特措法附則11条）。

(2) 太陽光発電の余剰電力買取制度

平成21年11月には、「エネルギー供給事業者による非化石エネルギー源の利用及び化石エネルギー原料の有効な利用の促進に関する法律」に基づき、太陽光発電による余剰電力買取制度導入により一足先に固定価格による調達制度が導入された。

太陽光発電による電気が、自宅等で使う電気を上回る量であった際、その上回る分の電力を、1kWh当り42円等の価格で、10年間固定で電力会社に売ることができる制度である。平成23

---

1 「バンキング」とは、当該年度の義務量以上に新エネルギー等電気の供給があった場合、電気事業者が義務超過量を次年度の義務履行に充てるために持ち越すこと、および新エネルギー等発電事業者が次年度まで新エネルギー等電気相当量を持ち越すことである。
2 「電気事業者による新エネルギー等の利用に関する特別措置法の平成23年度の施行状況について」（資源エネルギー庁）（http://www.rps.go.jp/RPS/new-contents/pdf/rps_H23.pdf）

年度および平成24年6月までの買取価格は、住宅用（10kW未満）42円/kWh、住宅用（10kW以上）および非住宅用40円/kWh等であった。

買取りに必要となる費用は、電気の使用量に応じて電気を利用する需要家が「太陽光発電促進賦課金」として負担する「全員参加型」の制度であった。月の電気使用量が300kWhの場合、月に3円から21円程度の負担であった。

太陽光発電の余剰電力買取制度の導入の結果、制度導入前の平成20年で累計約214万kW（約50万世帯）だった太陽光発電の導入量が、施行後3年間で491万kW（100万世帯超）へと倍増した。

(3) 再エネ特措法の制定経緯

a プロジェクトチームによる検討

上記(1)(2)のとおり、RPS法の導入や太陽光発電における余剰電力買取制度の導入により、再生可能エネルギーの導入は進んだが、平成21年度の発電電力量のうち、水力発電を除く狭義の再生可能エネルギーは約1％にすぎない。また、コスト高も課題とされている。

再生可能エネルギーには、まだまだ潜在力があり、再生可能エネルギーの全量買取制度の導入が喫緊の課題となってきた。

経済産業省では、平成21年11月に設置された「再生可能エネルギーの全量買取に関するプロジェクトチーム」における検討の結果をふまえ、平成22年7月23日に再生可能エネルギーの全量買取制度の大枠（基本的な考え方）を取りまとめた[3]。

具体的な制度のイメージ

A 買取対象

・再生可能エネルギー全体の導入を加速化する観点から、実用化された再生可能エネルギーである太陽光発電（発電事業用まで拡大）、風力発電（小型も含む）、中小水力発電（3万kW以下）、地熱発電、バイオマス発電（紙パルプ等他の用途で利用する事業に著しい影響がないもの）へと買取対象を拡大する。

B 全量買取の範囲

・メガソーラーなどの事業用太陽光発電をはじめとした発電事業用設備については、全量買取を基本とする。住宅等における小規模な太陽光発電等については、省エネインセンティブの向上等の観点から例外的に現在の余剰買取を基本とし、今後具体的な方法について検討する。

C 新設・既設の取扱い

・新たな導入を促進するため、新設を対象とすることを基本とするが、既設設備についても稼働に著しい影響を生じさせないという観点から、価格等に差をつけて買い取る等、何らかの措置を講ずる。

D 買取価格

・下記の太陽光発電等を除いた買取価格については、標準的な再生可能エネルギー設備の導入が経済的に成り立つ

---

3 「再生可能エネルギーの全量買取制度の大枠について」（http://www.meti.go.jp/committee/summary/0004629/framework.html）

水準、かつ、国際的にも遜色ない水準とし、15～20円/kWh程度を基本とする。また、エネルギー間の競争による発電コスト低減を促すため、一律の買取価格とする。
- 今後価格の低減が期待される太陽光発電等の買取価格については、価格低減を早期に実現するため、当初は高い買取価格を設定し、段階的に引き下げる。

E　買取期間
- 太陽光発電等を除いた買取期間は、設備の減価償却期間等を参考にして設定し、15～20年を基本とする。太陽光発電等の買取期間については、10年とする。

F　費用負担の方法／H　軽減措置
- 本制度により、電力部門のエネルギー自給率の向上とグリーン化が進展することや、買取費用の回収に係る制度を安定的に実施していく観点から、諸外国の例も踏まえ、電気料金に上乗せする方式とすることを基本とする。
- 全ての需要家が公平に負担する観点から、電気の使用量に応じて負担する方式を基本とする。

G　地域間調整
- 地域ごとに再生可能エネルギーの導入条件が異なる中で、買取対象を拡大するに当たって、地域間の負担の公平性を保つため、地域間調整を行うことを基本とする。

電力系統の安定化対策
- 系統安定化対策については、電力需要が特に小さい日等

に備えて、将来的に、蓄電池の設置や太陽光発電等の出力抑制を行うなど、国民負担を最小化しつつ、再生可能エネルギーの最大限の導入を可能とするような最適な方策を、今後検討していく。
・また、将来的な系統安定化に関する技術開発動向や、実際の系統への影響等を見据えつつ、必要に応じて制度の見直しを検討する。

その他
・上記制度を実現するため、RPS法の廃止も含め、法制面の検討を進める。
・住宅用太陽光補助金は、適切な見直しを図りつつ当面存続することで、一般家庭の初期費用負担を軽減し、更にシステム価格の低下を誘導していく。
・再生可能エネルギー設備の設置に関し、諸規制の適切な見直しや、公正で透明な電力系統の運用の確保など、その導入のための環境整備も重要である。
・再生可能エネルギーの導入量等を注視しながら、3〜5年後を目安として、必要に応じて機動的に制度を見直す。
・その他の論点（制度設計の詳細等）についても今後事務的に検討を行っていく。

b 買取制度小委員会報告書

「再生可能エネルギーの全量買取に関するプロジェクトチーム」における制度の大枠の取りまとめをふまえ、平成22年秋よ

り総合資源エネルギー調査会新エネルギー部会・電気事業分科会買取制度小委員会において制度の詳細を検討した。

その後、平成23年2月18日に開催された第38回新エネルギー部会において、「再生可能エネルギーの全量買取制度における詳細制度設計について」買取制度小委員会報告書（以下「買取制度小委員会報告書」という）が取りまとめられた[4]。同報告書で示された制度の概要は以下のとおりである。

1 買取対象、買取範囲に関する事項
○発電設備の要件の担保方法
・買取対象を太陽光発電（発電事業用まで拡大）、風力発電、中小水力発電、地熱発電、バイオマス発電へと拡大する。その発電設備の要件を担保するためには、国又はその他の適切な者が、要件に該当しているか否かについて確認を行うことが必要。

○バイオマス発電に関する配慮事項
・バイオマス発電の買取対象の確認に当たっては、①既存用途における供給量逼迫や市況高騰が起こらないこと、②持続可能な利用が可能であること、③LCAの観点から地球温暖化対策に資すること、などに配慮できる要件を設定。

○太陽光発電の買取範囲
・工場・事業所用、発電事業用の発電設備については全量

---

[4] http://www.meti.go.jp/committee/summary/0004405/038_haifu.html

買取方式が適当。
・住宅用については、省エネインセンティブや、制度変更にかかるコストの発生、等から、余剰買取方式が適当。

2 買取価格・期間に関する事項

○風力発電等太陽光発電以外の電源

・買取価格については、投資採算性等を考えると、20円/kWhが最低限必要であるという意見がある一方で、国民負担に配慮すると、過度の利益を保証するような価格設定は避けるべきとの意見あり。買取価格設定の際にはこうした点に留意が必要。
・買取期間については、一定水準以上の買取価格が設定される場合は、15年を軸として検討することが適当。

○太陽光発電

・住宅用の太陽光発電は、現行制度によって順調に普及拡大しており、買取価格の設定は現行制度の継承が適当。
・工場・事業所用、発電事業用の買取価格については、補助金が終了すること等に配慮すべきとの意見がある一方で、現行制度との継続性も必要であり、かつ、住宅用よりも高い買取価格を設定することは理解が得られにくいとの意見あり。
・耐用年数等を勘案すると、工場・事業所用、発電事業用の発電設備の買取期間は風力発電等他の発電事業用の設備と同等とすることが適当。

3 RPS制度、新設・既設、出力増強の扱いに関する事項
○RPS制度に関する事項
・新制度を導入する場合、RPS制度は廃止することが適当。
・新制度が平成24年度に導入される場合、次期利用目標量は、平成23年度まで実質的に定めることが適当。
・バンキング(義務量を超える実績)については、特段の補償措置を講ずる必要はない。
○既設に関する事項、出力増強の扱いに関する事項
・RPS対象既存設備が、全量買取制度の対象に移行する場合には、RPS法上認定されていた設備について、買取価格は、RPS制度下での取引価格を参考に、事業継続ができるような合理的な価格を電源種別に設定。出力増強による発電量の増加分は、新設の設備による発電量と同様に評価し、買い取ることが適切。
4 電気事業に関わる実務的論点、環境価値の扱い
・「電気事業分科会 制度環境小委員会」における検討の方向性に沿った制度設計が行われることが適当。
・環境価値については、負担に応じて公平にサーチャージ負担者に分配・調整されることが適当。

c 再エネ特措法の制定・施行

上記 b の買取制度小委員会報告書をふまえて、内閣は、平成23年3月11日に「電気事業者による再生可能エネルギー電気の調達に関する特別措置法案」を閣議決定した。しかし、同日に

図表1-3　国会審議における主な修正内容

	修正前	修正後	
買取価格・買取期間	太陽光を除き一律	再生可能エネルギーの種別・発電設備の設置形態および規模等に応じて定める。	
サーチャージ（賦課金）の特例	なし	①電力を集中的に利用する事業を行う事業所に対するサーチャージの減免 ②東日本大震災の被災者に対する平成25年3月31日までのサーチャージの免除	
その他	施行期日	公布後1年以内	平成24年7月1日
	法律の見直し	少なくとも3年ごと	左記に加え、エネルギー基本計画の見直しにあわせた見直し。

（出所）　平成24年3月6日資源エネルギー庁「再生可能エネルギー特措法の概要と調達価格等算定委員会の検討事項」

発生した東日本大震災の影響を受け、同年4月5日にようやく国会（衆議院）に提出された。

　当時の菅直人総理大臣は、東日本大震災後において、原子力発電にかわる代替エネルギーとしての再生可能エネルギーの重要性を強調し、再エネ特措法の成立に強いこだわりをみせ、同法の成立を自身の退陣の条件とした。

　再エネ特措法は、修正を経て、平成23年8月26日に国会で成立し、同月30日に公布された（平成23年法律第108号）。

　国会審議による主な修正点は図表1-3のとおりである。

d 調達価格等算定委員会

平成23年11月9日には、再エネ特措法37条に基づき、調達価格等算定委員会令（平成23年政令第337号）が公布され、同月11日に施行された。

調達価格等算定委員会の委員は、電気事業、経済等に関して専門的な知識と経験を有する者のうちから、両議院の同意を得て、経済産業大臣が任命することとされている（再エネ特措法33条1項）。平成24年通常国会における両議院の同意を得て、以下の委員が任命された。

植田和弘	京都大学大学院経済学研究科教授
辰巳菊子	公益社団法人日本消費生活アドバイザー・コンサルタント協会理事・環境委員長
山内弘隆	一橋大学大学院商学研究科教授
山地憲治	公益財団法人地球環境産業技術研究機構（RITE）理事・研究所長
和田　武	日本環境学会会長

調達価格等算定委員会は、平成24年3月6日から同年4月27日までの7回の審議を経て、同年4月27日に「平成24年度調達価格及び調達期間に関する意見」[5]を取りまとめた。

e 再エネ特措法の全面施行

再エネ特措法のうち、上記dの調達価格等算定委員会に係る

---

[5] http://www.meti.go.jp/committee/chotatsu_kakaku/report_001.html

部分以外は、平成24年7月1日に全面施行された。

 同法の全面施行にあたり、パブリックコメント[6]として、関連政省令の骨子が平成24年5月16日に公表された（同年6月1日が締め切り）。

 平成24年6月18日には、関連政省令・関連告示が公布されるとともに、パブリックコメント結果[7]も公表された。

---

6 「電気事業者による再生可能エネルギー電気の調達に関する特別措置法の施行に向けた主要論点に対する意見募集について」（http://search.e-gov.go.jp/servlet/Public?CLASSNAME=PCMMSTDETAIL&id=620112023&Mode=0）

7 「電気事業者による再生可能エネルギー電気の調達に関する特別措置法の施行に向けた主要論点に対する意見募集の結果について」（http://search.e-gov.go.jp/servlet/Public?CLASSNAME=PCMMSTDETAIL&id=620112023&Mode=2）

2 再エネ特措法の目的・基本的な枠組み

(1) 目　　的

　再エネ特措法1条は、同法の目的について規定している。

　まず、「エネルギー源としての再生可能エネルギー源を利用することが、内外の経済的社会的環境に応じたエネルギーの安定的かつ適切な供給の確保及びエネルギーの供給に係る環境への負荷の低減を図る上で重要となっている」という現状の認識を掲げている。

　かかる現状の認識にかんがみて、「電気事業者による再生可能エネルギー電気の調達に関し、その価格、期間等について特別の措置を講ずることにより、電気についてエネルギー源としての再生可能エネルギー源の利用を促進」することを手段として掲げている。

　そして、「我が国の国際競争力の強化及び我が国産業の振興、地域の活性化その他国民経済の健全な発展に寄与すること」を最終的な目的として掲げている。

(2) 再エネ特措法の基本的な枠組み

a　対象となる再生可能エネルギー電気

　太陽光、風力、水力、地熱、バイオマスが「再生可能エネルギー源」とされている（再エネ特措法2条4項1号から5号ま

で)。そのほか、政令で再生可能エネルギー源を指定することができる(同項6号)が、本書執筆時点では指定されているものはない。波力、潮力、海洋温度差といった海洋エネルギー源も実用化・商用化が進めば、政令で対象となる可能性がある。

「再生可能エネルギー発電設備」を用いて「再生可能エネルギー源」を変換して得られる電気を「再生可能エネルギー電気」という(再エネ特措法2条2項)。

b 特定供給者(いわゆる再生可能エネルギー電気事業者)

経済産業大臣による認定を受けた再生可能エネルギー発電設備(「認定発電設備」)を用いて再生可能エネルギー電気を供給しようとする者(いわゆる再生可能エネルギー電気事業者)のことを再エネ特措法上、「特定供給者」という(再エネ特措法3条2項)。

c 電気事業者(いわゆる電力会社)

電気事業法2条1項2号に規定する「一般電気事業者」(同法2条1項2号)、「特定電気事業者」(同項6号)および「特定規模電気事業者」(同項8号)が、再エネ特措法上の「電気事業者」(いわゆる「電力会社」)(再エネ特措法2条1項)に該当する。

d 固定価格・固定期間での買取義務

「電気事業者」は、国が毎年度決定する再生可能エネルギー電気の発電区分に応じた「調達価格」「調達期間」(再エネ特措法3条1項)により、「特定供給者」から「再生可能エネルギー源」を用いて得られる「再生可能エネルギー電気」の調達に関する契約を締結する義務を負う(同法4条1項)。「特定供給者」

が運営する「認定発電設備」に係る「調達期間」を超えない範囲内の期間にわたり、「特定供給者」が「電気事業者」に対し「再生可能エネルギー電気」を供給することを約束し、「電気事業者」が当該「認定発電設備」に係る「調達価格」によって「再生可能エネルギー電気」を調達することを約束する契約を「特定契約」という（同項）。電気事業者は再エネ特措法および経済産業省令で定める正当な理由がない限り、「特定契約」の締結を拒むことはできない（同項）。

また、電気事業者（特定規模電気事業者を除く）は、「特定契約」の申込みをしようとする「特定供給者」から、認定発電設備と当該電気事業者がその事業の用に供する変電用、送電用または配電用の電気工作物とを電気的に接続する接続契約の締結を求められたときは、再エネ特措法及び経済産業省令で定める正当な理由がない限り、当該接続契約の締結を拒むことはできない（再エネ特措法5条1項）。

このように、電気事業者に対して、固定価格・固定期間での買取義務を課したのは、再生可能エネルギー電気の供給を安定させ、それによって発電コストの回収見込みに対する予見可能性を高め、これにより、再生可能エネルギーの発電設備への新規投資が促され、再生可能エネルギー電気の供給量が増大することを期待したものである。

e 賦課金

電気事業者は、特定供給者からの再生可能エネルギー電気の買取りに要した費用に充てるため、電気の使用者に対して、電気料金の使用量とあわせて、使用電力量に比例した賦課金

（サーチャージ）の支払を請求することができる（再エネ特措法16条1項）。

賦課金は、調達価格・調達期間により再生可能エネルギー電気の調達を義務づけられる電気事業者にとっては、自らの経営努力では圧縮しがたい費用負担が生ずるので、これを軽減するためのものである。

各電気事業者が供給する電気の量に占める特定契約に基づき調達する再生可能エネルギー電気の量の割合に係る費用負担の不均衡を調整するために、各電気事業者が回収した賦課金は、費用負担調整機関に納付され（再エネ特措法11条）、費用負担調整機関は、不均衡を調整した交付金を各電気事業者に交付する（同法8条1項）。

f 経済産業大臣の役割

経済産業大臣は、①毎年度の調達価格・調達期間の決定、②再生可能エネルギー発電設備を用いた発電の認定、③毎年度のkW当りの賦課金単価の決定を行う役割を担っている。

① 毎年度の調達価格・調達期間の決定

経済産業大臣は、毎年度、当該年度の開始前に、電気事業者が特定供給者との間で特定契約を締結して調達する再生可能エネルギー電気について、再生可能エネルギー発電設備の区分、設置の形態および規模ごとに、当該再生可能エネルギー電気の1kWh当りの価格（「調達価格」）およびその調達価格による調達に係る期間（「調達期間」）を定めなければならない（再エネ特措法3条1項）。

② 再生可能エネルギー発電設備を用いた発電の認定

「特定供給者」は、再エネ特措法に基づき、調達価格・調達期間による売電をするためには、「再生可能エネルギー発電設備」(再生可能エネルギー源を電気に変換する設備及びその附属設備)(再エネ特措法2条3項)が調達期間にわたり安定的かつ効率的に再生可能エネルギー電気を発電することが可能であると見込まれるものであることその他の基準に適合していることにつき、経済産業大臣の認定を受けなければならない(同法6条1項)。

再エネ特措法6条1項に基づき、経済産業大臣の認定を受けた再生可能エネルギー発電設備を「認定発電設備」という。

③ 毎年度のkW当りの賦課金単価(納付金単価)の決定

経済産業大臣は、「納付金単価」(kW当りの賦課金単価)を、毎年度、当該年度の開始前に、当該年度においてすべての電気事業者に交付される交付金の見込額の合計額に当該年度における事務費の見込額を加えて得た額を当該年度におけるすべての電気事業者が供給することが見込まれる電気の量の合計量で除して得た電気の1kWh当りの額を基礎とし、前々年度におけるすべての電気事業者に係る交付金の合計額と納付金の合計額との過不足額その他の事情を勘案して定める(再エネ特措法12条2項)。

電気の使用者に対し支払を請求することができる「賦課金」の額は、当該電気事業者が当該電気の使用者に供給した電気の量に当該電気の供給をした年度における「納付金単価」に相当する金額を乗じて得た額である(再エネ特措法16条2項)。

平成24年度の納付金単価は、全国一律に0.22円/kWhと決定された。

3 調達価格と調達期間

(1) 決定のプロセス――調達価格等算定委員会案の意見の尊重

調達価格および調達期間は、経済産業大臣が毎年度、当該年度の開始前に定める（再エネ特措法3条1項）。

調達価格・調達期間の決定のプロセスは以下のとおりである（再エネ特措法3条5項）。

---
① 当該再生可能エネルギー発電設備に係る所管に応じて農林水産大臣、国土交通大臣または環境大臣に協議する。
② 消費者政策の観点から消費者問題担当大臣の意見を聴く。
③ 調達価格等算定委員会の意見を聴く。

経済産業大臣は、調達価格等算定委員会の意見を尊重しなければならないこととされているので、調達価格・調達期間の決定については実質的に算定委員会が大きな役割を果たす。

「調達価格等算定委員会」は、5名の委員（再エネ特措法32条）で構成される。委員は国会の同意を得たうえで経済産業大臣が任命する（同法33条）。

委員会の庶務は、資源エネルギー庁省エネルギー・新エネルギー部新エネルギー対策課において処理する（調達価格等算定委員会令1条）。

(2) 買取区分・調達価格・調達期間について

　調達価格・調達期間は、再生可能エネルギー発電設備の区分、設置の形態、規模ごとに定められる。こうした区分については、経済産業省令で定められる（再エネ特措法3条1項）。
　再生可能エネルギー発電設備の区分は図表1－4のとおりである（再エネ特措法施行規則2条）。

図表1－4　電源ごとの調達区分

電源	調達区分
太陽光発電設備	10kW未満
	10kW以上
風力発電設備	20kW未満
	20kW以上
水力発電設備	200kW未満
	200kW以上1,000kW未満
	1,000kW以上3万kW未満
地熱発電設備	1.5万kW未満
	1.5万kW以上
バイオマス発電設備	バイオマスを発酵させることによって得られるメタンを電気に変換する設備
	木質バイオマス（未利用）を電気に変換する設備
	木質バイオマス・農産物バイオマスを電気に変換する設備
	建設資材廃棄物を電気に変換する設備
	一般廃棄物発電設備または一般廃棄物発電設備およびその他バイオマス発電設備

調達期間は、「電気の供給の開始の時から、発電設備の重要な部分の更新の時までの標準的な期間」を勘案して定められる(再エネ特措法3条3項)。

(3) 調達価格決定のための考慮要素

調達価格は以下のとおり、2点(ア)を基礎として算定し、その際には3点(イ)を勘案し、算定プロセスにおいては2点(ウ)への配慮を行い決定することとされている。

ア 調達価格は以下の2点を<u>基礎</u>として算定される(再エネ特措法3条1項)。

① 効率的に事業が実施された場合に通常要する費用

② 1kWh当りの単価を算定するために必要な、1設備当りの平均的な発電電力量の見込み(「当該供給に係る再生可能エネルギー電気の見込量」)

イ その際には以下の3点を<u>勘案</u>する(再エネ特措法3条1項)。

③ 再生可能エネルギー導入の供給の現状(「我が国における再生可能エネルギー電気の供給の量の状況」)

④ 適正な利潤

⑤ これまでの事例における費用(「法律の施行前から再生可能エネルギー発電設備を用いて電気を供給する者の供給に係る費用」)

ウ 以上の算定プロセスにおいては、以下の2点への<u>配慮</u>を行う(再エネ特措法3条4項、附則7条)。

> ⑥ 施行後3年間は利潤に特に配慮
> ⑦ 賦課金の負担が電気の使用者に対して過重なものとならないこと

 再エネ特措法上、再生可能エネルギーの導入目標や導入見込量に基づいて「調達価格」を定めることとされていない点に留意を要する。

(4) 平成24年度の調達価格・調達期間と平成25年度の調達価格・調達期間の動向

 平成24年度の調達価格・調達期間は、調達価格等算定委員会が平成24年4月27日に取りまとめた「平成24年度調達価格及び調達期間に関する意見」が尊重され、その意見がそのまま採用された。

 「電気事業者による再生可能エネルギー電気の調達に関する特別措置法第三条第一項及び同法附則第六条で読み替えて適用される同法第四条第一項の規定に基づき、同法第三条第一項の調達価格等並びに調達価格及び調達期間の例に準じて経済産業大臣が定める価格及び期間を定める件」(平成24年経済産業省告示第139号、以下「平成24年告示」という)[8]において規定されている。

 太陽光発電の調達価格は1kWh当り42円(10kW以上の区分において調達期間は20年間)であり、「再生エネ先進国」であるド

---

8 http://www.enecho.meti.go.jp/saiene/kaitori/dl/2012hourei02.pdf

イツの2倍超である。調達価格等算定委員会では「30円台後半が適正」との意見も出ていたが、再生可能エネルギー発電事業者の要望に沿った水準で決められた。

これは、施行後3年間は特に利潤に配慮すること（附則7条）を重視したものである。

平成24年度の調達価格については高すぎるとの批判も多く、平成24年度の経済財政白書においても、「買取価格やサーチャージの設定・改定段階において、価格設定の妥当性や費用効率につき、検証することが必要である。」と記載されている。

平成25年1月21日（第8回）に再開された調達価格等算定委員会では、平成25年度（平成25年4月から開始）の調達価格・調達期間について審議がなされている。

見直しの根拠となるのは、同制度の設備認定で義務づけられている設置コスト（太陽光パネル、パワコン、架台、工事費を含む）のデータである。

焦点の太陽光発電については、経済産業省の集計によると、1MW以上では、平成24年7～9月の平均32.5万円（1kW当り）から、同年10月以降では平均28.0万円を14％もコストがダウンしている。また、10～50kW未満、500kW～1MW未満の各規模でもコストが減少し、50～500kW未満の規模でコストが微増というデータが示されている。さらに、同委員会で同時に公表された被災地への補助制度における設置コストでは、昨年の3～4月の補助分に比べ、7～8月の補助分では全規模でコストの低下が確認されている。

こうしたことから、調達価格等算定委員会では太陽光発電に

ついては、調達価格の引下げを検討する方向性が示された。同委員会と同日の講演会で、茂木敏充経産相が太陽光発電の調達価格について「現在の42円を30円台後半にできるのではないか」との指摘をした（平成25年1月21日付毎日新聞）。

なお、風力、中小水力、地熱、バイオマス発電については、認定設備のコストが一部示されたものの、コスト算定見直しのための新規設置の実績が十分ではなく、「見直しの根拠が乏しい」として、調達価格に変更を加えない方針が確認された。

(5) 調達価格の決定時点、調達期間の起算時期

調達価格および調達期間については、「接続契約の申込みに係る書面を電気事業者が受領した時点又は設備認定時点のいずれか遅い日」を基準時として、当該年度の調達価格・調達期間が適用される（平成24年告示）。

パブリックコメント段階では、「特定契約の締結時」を基準時としていたが、発電事業の実施と内容の確定が確認できる最も早い段階を選ぶ、契約交渉の状況に左右されにくいよう配慮するという観点からさらに早められた（PA27頁20番）。

他方、設備認定の段階で調達価格を確定させると、まず調達価格だけ確定しておいて、事業化はさらに市場の様子をみて決めるといった事業者が出てくるおそれもあるため（PA27頁21番）、接続契約の申込みの受領時点と設備認定時点のいずれか遅い日が基準時とされた。調達期間の起算時期は、「特定供給契約に基づく電気の供給を開始された時点」とされている（平成24年告示）。

再エネ特措法のもとでは、調達価格・調達期間との関係で、特定契約や接続契約を着工前に締結することになる。したがって、いままで締結していた電力受給仮契約書や連系覚書の締結は不要となる（PA44頁7番）。

たとえば、平成24年7月20日に、経済産業者から設備認定を得て、同年8月20日に電気事業者に対して10メガワット（以下「MW」）分の接続契約の申込みをしてそれが受領された場合で、平成25年4月から2MW分だけ供給を開始し、平成26年4月から残りの8MW分の供給を開始した場合について考えてみよう。

「接続契約の申込みに係る書面を電気事業者が受領した時点又は設備認定時点のいずれか遅い日」が調達価格・調達期間の起算時点であるから、平成24年8月20日の属する平成24年度の調達価格・調達期間（42円〈税込〉・20年間）が適用される。

調達期間の起算時期は、「特定供給契約に基づく電気の供給を開始された時点」であるから、平成25年4月が調達期間（20年間）の起算時点となる。かかる起算時点は平成26年4月に供給が開始される8MW分についても同様である点にも留意が必要である（すなわち、8MW分については19年間の調達期間しか保証されないことになる）。

(6) 過去に決定された調達価格・調達期間の変更の可能性

再エネ特措法3条8項において、「経済産業大臣は、物価その他の経済事情に著しい変動が生じ、又は生ずるおそれがある

場合において、特に必要があると認めるときは、調達価格等を改定することができる。」と規定されており、条文上は過去に決定された調達価格・調達期間も排除されていない。

したがって、平成24年度の10kW以上の太陽光発電の調達価格（42円〈税込〉）・調達期間（20年間）も、将来の状況によっては変更がまったくないとはいえないのである。具体的には、平成24年度に10kWで42円、20年で、特定契約を締結した場合、仮に、5年後の何らかの事情で、3条8項が適用され、調達価格が30円とされた場合には、平成24年時に42円で特定契約を締結したにもかかわらず、平成29年からは10kWで30円となるのである（残存期間は15年）。

もっとも、国会での発言[9]や行政のこれまでの説明をふまえて、経済産業大臣が過去に決定した調達価格・調達期間を変更することは基本的に想定できないと考えるべきであろう。

資源エネルギー庁は、再エネ特措法3条8項における「物価その他経済事情に著しい変動が生じ、又は生じるおそれがある場合」とは、急激なインフレやデフレのような事態を想定しており、同項に基づく価格の改定はきわめて例外的な場合に限定されるとしている[10]。

---

[9] 参考（平成23年7月27日衆議院経済産業委員会　海江田経済産業大臣の発言）
「3年目に大きく買取価格などが変わってしまえば経営の計画が立たないわけでございますから、当然、いったん適用されました買取価格につきましては、その買取期間中はその価格が継続をされる、維持をされるというかたちになっております。」
[10] http://www.enecho.meti.go.jp/saiene/kaitori/faq.html#1-7

(7) 施行後3年以内に接続契約の申込みをすることの重要性

上記(3)(4)でも説明したとおり、再エネ特措法附則7条において、「経済産業大臣は、集中的に再生可能エネルギー電気の利用の拡大を図るため、<u>この法律の施行の日から起算して三年間を限り</u>、調達価格を定めるに当たり、<u>特定供給者が受けるべき利潤に特に配慮する</u>ものとする。」と規定されている。

調達価格等算定委員会の「平成24年度調達価格及び調達期間に関する意見」Ⅱ.3には、「我が国が標準的に設定すべきIRRは、<u>税引前5～6％程度</u>であると考えることができる」ところ、「施行後3年間は、例外的に、利潤に特に配慮する必要があることを加味し、これに<u>更に1～2％程度上乗せし、税引前7～8％</u>を当初3年間のリスクが中程度の電源に対して設定するIRRとすることとした。<u>無論、3年経過後は、この上乗せ措置は、廃止されるものである。</u>」と記載されている。

再エネ特措法附則7条や調達価格等算定委員会の意見書をふまえれば、平成24年7月1日の施行から3年を経過した後の調達価格は平成24年度に決定された調達価格よりも相当低くなることは確実である。

再生可能エネルギー発電を行う事業者としては、経済産業大臣から発電設備の認定を得て、電気事業者に接続契約の申込みを受領してもらうことが非常に重要となる。

この点、地熱発電の実施には、地熱資源量の調査、掘削、プラント建設完了まで長期にわたり、稼働に入るまで10年程度の

期間が必要となる。そうすると、再生可能エネルギー発電設備としての経済産業大臣の認定を得て、発電事業者に対して接続契約の申込みをするまでにも相当な期間を要すると考えられることからすると、施行後3年以内に接続契約を締結することは困難であると思われるから、上記の3年以内のメリットを享受することはむずかしいといえ、再エネ特措法上の「再生可能エネルギー源」の一つ（同法2条4項4号）ではあるものの、同法の枠組みに乗る再生可能エネルギー電気には、現時点では該当しないと考えられる。

(8) 特定契約の相手方が変更された場合の調達価格・調達期間

特定供給者が、調達期間中に「再生可能エネルギー電気」（再エネ特措法2条2項）の供給契約（「特定契約」〈同法4条1項〉）の相手方である電気事業者を変更する場合、当初の調達価格が適用され、調達期間は、変更前に他の電気事業者に供給されていた期間を控除した残存期間となる（同法4条1項、同法施行規則3条）。この変更には、締結ずみの特定契約を解除して、他の電気事業者との間で新たに特定契約を締結する場合も含む（PA29頁35番）とされている。

この点、上記のPAの理論的根拠は明らかではないが、筆者としては、再エネ特措法は、6条の許可が、主として申請人の属性ではなく、設備性質を主要な要素としていることからすれば、立法者意思として、発電設備の運用者の属性ではなく、発電設備が適正であれば広く、同法の適用を認めようということ

が看取できる。そうであれば、認定発電設備が第三者に譲渡され、当該第三者が特定供給者として、電気事業者との間で新たに特定契約を締結した場合であっても、当該認定発電設備の同一性が維持される限り、当初の特定契約の締結時の年度の調達価格が適用され、調達期間は、当初の特定契約における調達期間の残存期間となると考えられる。

(9) 欧州における固定価格買取制度[11]

a ドイツにおける固定価格買取制度

ドイツでは、1991年に電力供給法において、需要家への小売平均単価の一定比率（再生可能エネルギーの種類に応じ、小売平均単価の65～90％で買取り）で再生可能エネルギー電気を買い取ることを、立地地域の電力会社に義務づけた。

その後、電力自由化に伴い、小売平均単価が低下した結果、小売平均単価の一定比率での買取りでは再エネ事業者の採算がとれなくなってきた。

そこで、2000年には、再生可能エネルギー法により、固定価格での買取りが義務づけに変更された。電源別に買取価格が設定され、買取期間は全電源共通の20年間に設定されている。また、買取りに伴う費用負担が風力発電の集中した北部の電力会社に集中したため、すべての電力会社間で公平に分担する仕組

---

[11] 資源エネルギー庁の公表資料「欧州の固定価格買取制度について」（http://www.meti.go.jp/committee/chotatsu_kakaku/001_06_00.pdf）および中村有吾「「卒・固定価格買取制度？」ドイツの太陽光買取価格決定メカニズム」（環境ビジネスオンライン）（http://www.kankyo-business.jp/column/003955.php?page=2）参照。

みを導入した。

2004年には、太陽光発電やバイオマス発電の買取価格を引き上げた。太陽光発電設備については、屋上設置については、最大32%引き上げられる（43.4ユーロセント/kWhから57.4ユーロセント/kWhに）とともに、地上設置型も買取対象とされた（45.7ユーロセント/kWh）。

その後、太陽光発電の買取価格は段階的に引き下げられており、近時、特にその低減率は上昇している。風力発電の買取価格は2009年に一度引き上げられたが、その後継続して引き下げられている。地熱発電の買取価格は2012年改正で引き上げられている。新設水力発電の買取価格は上昇傾向である。バイオマス発電の買取価格は、2004年よりバイオマス利用技術の種類に応じたボーナスを上乗せする制度を導入している。

2012年2月24日にドイツ政府は買取価格設定メカニズムを改定した。改定の内容は、2012年3月9日から太陽光発電の買取価格を20〜29%引き下げることに決定した。

1万kW以上の太陽光発電は買取対象から除外した。

2012年5月から買取価格の改定頻度を半年ごとから月ごとに変更し、その改定幅（低減率）を新規導入量に応じて変化させることとした。2012年4月時点での買取価格は13.5ユーロセント/kWh（1〜10MWクラス）〜19.5ユーロセント/kWh（10kW未満クラス）で、その後、5月から10月にかけ毎月1%ずつ価格が引き下げられた。

2012年11月以降は、毎月の価格改定率を3カ月ごとに見直すこととされた。改定率は直前の年間新規設置容量をもとに機械

的に調整される。基本の改定率は、2012年5月以降と同じく毎月1％の逓減率が、年間設置容量が2.5～3.5GW（「目標幅」）となった場合に適用される。年間設置容量が目標幅よりも大きくなった場合には、逓減率が大きく、目標幅を下回れば逓減率は小幅になる。2012年11月の改定では、同年7～9月の導入量1.85GWをもとに、その4倍に当たる7.4GWが導入されたとみなされた。その結果、2012年11月～2013年1月の逓減率は2.5％となり、同年11月の買取価格は12.39ユーロセント/kWh（1～10MWクラス）～17.9ユーロセント/kWh（10kW未満クラス）となった（1ユーロ＝110円で換算すると、13.6～19.7円/kWh相当）。

2012年3月9日以降に系統に連系する設備については、買取対象電力量を年間発電量の85～90％に制限した。また、従前は500kW以下の太陽光発電設備については、屋内での自家消費分にも一定の額を支払う制度を導入していたが、2012年3月9日以降廃止した。

さらに、累計設置容量が52GWに到達した時点で、補助施策を打ち切ることを決定した（2012年3月現在で26.5GW）。

b スペインの固定価格買取制度

スペインは、1994年に、国家電力市場再編法（1997年より電気事業法）により、固定価格買取制度を導入した。

2004年および2007年に、再生可能エネルギー電気の導入目標の達成が困難との見通しから、太陽光発電の買取価格は、規模別・設置形態別に設定。2004年に5kW以上100kW未満の買取価格を約2倍に引き上げ、2007年に100kW以上の買取価格を約2倍に引き上げた（22.98ユーロセント/kWhから44.58ユーロセ

ント/kWh)。その結果、太陽光発電の導入が急拡大した。

　風力発電については、買取区分は一つであり、買取価格は2003年以降次第に上昇している。水力発電の買取価格は2007年以降、地熱発電の買取価格は2002年以降上昇している。バイオマス発電の買取価格は、燃料別に詳細に規定されており、2004年以降上昇している。

　太陽光発電の急拡大を受け、2008年に、太陽光発電について買取価格を引き下げ、2009年に、太陽光発電について買取対象設備の年間上限枠を設定した。その結果、太陽光発電の導入量は減少した。

　2012年1月27日、政権交代をした保守政権（民衆党）は、現在の経済危機および電力需要低下と、現行の補助制度の維持は両立不可能であるとして、電力システムを改革し、効率的な資源の配分を推進する再生可能エネルギー補助の枠組みが構築されるまで、固定価格買取制度に基づく新規買取りの一時凍結を決定した（凍結期間は未定）。ただし、すでに買い取っているものについては凍結せず、再生可能エネルギー事業者は一応安堵している。

c　わが国における固定価格買取制度に対する示唆

　上記のとおり、ドイツ、スペインの両国における固定価格買取制度は、とりわけ、太陽光発電については成功しているとは言いがたい。

　もっとも、ドイツやスペインの固定価格買取制度の賦課金（サーチャージ）の額は、近年大きくなっている（一般家庭の月当りのサーチャージ負担額は、2009年時点でドイツは5.4ドル/月、

スペインは5.7ドル/月)のに比して、わが国の再エネ特措法に基づく固定価格買取制度の賦課金の額は、いまだ小さく(一般家庭の月当りのサーチャージ負担額は、2012年度時点で18円/月〈＝0.06円×300kWh〉程度である)、再生可能エネルギー比率が高い欧州と同列に論じることはできない。欧州の動向をもとにわが国の固定価格買取制度を批判的にとらえることは適切ではないだろう。

4 特定供給者

(1) 特定供給者となりうるもの

「特定供給者」とは、認定発電設備を用いて再生可能エネルギー電気を供給しようとする者である（再エネ特措法3条2項）。

再エネ特措法上の設備認定（再エネ特措法6条）はSPC（特別目的会社）でも受けることができる（PA27頁12番）ので、SPCも特定供給者となることができる。

倒産隔離やファイナンスの観点から、事業会社が子会社として、または、一般財団法人の子会社として、SPCを設立して特定供給者としての事業を行わせることが考えられる。

SPCとしてのビークルとして株式会社を用いる場合には、会社更生法の適用がありえ、ファイナンスをする金融機関がその株式や財産を担保にとった場合に、更生担保権となり、倒産手続外での行使ができなくなる可能性がある。そこで、SPCのビークルとして、会社更生手続の適用のない合同会社を用いることが考えられる。もっとも、電力会社のなかには、財務の健全性の確保の観点等から、特定供給者のビークルとして合同会社を用いることを認めていないところもあるようである。

なお、特定供給者は、電気事業者の子会社（会社法2条3号、会社法施行規則3条1項・3項）であってもよい（PA27頁19番）。

したがって、電気事業者が特定供給者である子会社と特定契約を締結し、電気の供給を受けることは、理論上は可能であると解釈される。

(2) リース・業務委託の場合

法律上、「特定供給者」とは、「認定発電設備を用いて再生可能エネルギー電気を供給しようとする者」とされている（再エネ特措法3条2項）ので、当該発電設備の所有権の所在ではなく、当該発電設備の実際の利用をしているものが、再エネ特措法上の「特定供給者」と把握される。たとえば、リース契約により太陽光発電パネル等を調達して発電事業を行う場合、リース会社ではなくリースを受けている発電事業者が特定供給者として、特定契約・接続契約の当事者となる。

同様に、認定発電設備の所有者やリースを受けている者から業務委託を受けて、太陽光発電事業を行う場合も、受託者が特定供給者になると考えられる。

(3) 特定供給者の供給義務の有無

再エネ特措法上、「特定供給者が電気事業者に対し再生可能エネルギー電気を供給することを約し」と規定しているのみであり（再エネ特措法4条1項）、特定供給者に対して、一定量の供給義務は課されていない（PA45頁24番）。

したがって、特定契約の相手方以外の電気事業者以外の第三者あるいは卸電力市場への供給をすることも可能である（PA47頁38番、39番）。

ただし、特定契約の相手方が複数ある場合、契約の相手方となる両者に対し、あらかじめ定めた売電量の按分方法について、当日、すなわち前日の翌日計画提出後に変更することはできない（PA47頁39番）とされている点に留意が必要である。

5 特定契約に応ずる義務

(1) 特定契約の意義・拒否事由(「正当な理由」)の考え方

電気事業者は、特定供給者から、当該再生可能エネルギー電気について特定契約の申込みがあったときは、正当な理由がある場合を除き、特定契約の締結を拒んではならない(再エネ特措法4条1項)。

「特定契約」とは、当該特定供給者に係る認定発電設備に係る調達期間を超えない範囲内の期間にわたり、特定供給者が電気事業者に対し再生可能エネルギー電気を供給することを約し、電気事業者が当該認定発電設備に係る調達価格により再生可能エネルギー電気を調達することを約する契約である。

拒否事由である「正当な理由」は、省令において具体的にその内容が定められている。

平成23年8月10日衆議院経済産業省委員会答弁細野哲弘エネルギー庁長官発言によれば、「原則としてすべて受け入れるのが基本」とされており、拒否事由は限定列挙と解釈される、すなわち拒否事由がない限りは、具体的な事情のいかんを問わず、締結義務が、再エネ特措法上発生するものと解釈される。

「正当な理由」がないにもかかわらず特定契約の締結に応じない電気事業者があるときは、法律の規定に基づき経済産業大

臣の勧告（再エネ特措法4条3項）および措置命令（同条4項）権限に基づき経済産業大臣が適切に指導することとされている。実務上は、契約の申込みに対して、応じない電気事業者がいる場合には、具体的な状況にもよるが、まずは、当該電気事業者に拒否事由について明らかにしてもらい、そのうえで、内容に合理性がないのであれば、経済産業大臣に連絡するといった対応が考えられる。

(2) 特定契約の締結を拒むことができる正当な理由の具体的な内容

以下では、再エネ特措法施行規則4条に定める特定契約の締結を拒むことができる「正当な理由」について具体的に説明する。

a 特定契約本来の目的を超えて、電気事業者の利益を害するものである場合

申し込まれた特定契約の内容が当該特定契約の申込みの相手方である電気事業者（以下「特定契約電気事業者」という）の利益を不当に害するおそれがあるときとしては、「特定契約の内容が、虚偽の内容を含む場合」および「特定契約に関し、正常な商慣習又は社会通念に照らして著しく不合理と認められる場合」があるが、それぞれに該当する事由として以下の事由が限定列挙されている（再エネ特措法施行規則4条1項1号・2号ニ）。

① 特定契約の内容が、虚偽の内容を含む場合（再エネ特

> 措法施行規則4条1項1号イ）
> ② 特定契約に関し、正常な商慣習又は社会通念に照らして著しく不合理と認められる場合
>   ア） 特定契約の内容が、法令の規定に違反する内容を含む場合（同号ロ）
>   イ） 特定契約の内容が、特定契約電気事業者に対し、その責めに帰すべき事由によらないで生じた損害を賠償又は当該特定契約に基づく義務に違反したことにより生じた損害の額を超えた額の賠償をすることを求める旨の規定を含む場合（同号ハ）
>   ウ） 特定契約電気事業者が、特定供給者が暴力団、暴力団員、暴力団員でなくなった日から5年を経過しない者、又はこれに準ずる者に該当しないこと、及び暴力団等と関係を有する者でないことを確約する旨の規定を特定契約の内容とすることに同意しない場合（再エネ特措法施行規則4条1項2号ニ）

　なお、パブリックコメント時においては、「特定契約に関し、正常な商慣習又は社会通念に照らし著しく不合理と認められる場合」の一つとして、「電気事業者の責めに帰すべき事由によらずに一方的に解除できる旨」の規定を省令で規定することも検討されていたが、電気事業者の責めに帰すべき事由によらない場合であるものの、自然災害等の不可抗力により、発電事業者側の設備が故障したことにより、供給ができなくなった場合においては、特定供給者に解除を認めるべきとの意見を受けて

規定することが見送られた（PA50頁72番）。

b 複数の電気事業者に対する供給の場合（再エネ特措法施行規則4条1項2号ヘ）

> 当該特定供給者が、特定契約電気事業者以外の電気事業者に対しても特定契約の申込みをしている場合、または特定契約電気事業者以外の電気事業者と特定契約を締結している場合は、(i)当該特定供給者が、それぞれの電気事業者ごとに供給する予定の1日当りの再生可能エネルギー電気の量（「予定供給量」）または予定供給量の算定方法（予定供給量を具体的に定めることができる方法に限る。たとえば発電量の○%）をあらかじめ定め、(ii)再生可能エネルギー電気の供給が行われる前日における特定契約電気事業者が指定する時間（「指定時間」）までに、特定契約電気事業者に予定供給量を通知し、(iii)指定時間以降、通知した予定供給量の変更を行わないことを当該特定供給者が同意しない場合

再エネ特措法上、特定契約において、特定供給者は、電気事業者に対して、再生可能エネルギー電気の排他的供給義務は負っておらず（PA47頁38番）、供給先を変更することや、複数の電気事業者に供給することも可能である。

ただし、複数の電気事業者に供給する場合、接続の相手方である電気事業者（以下「接続請求電気事業者」という）以外の電気事業者が特定供給者から送電を受ける電気の量を原則として

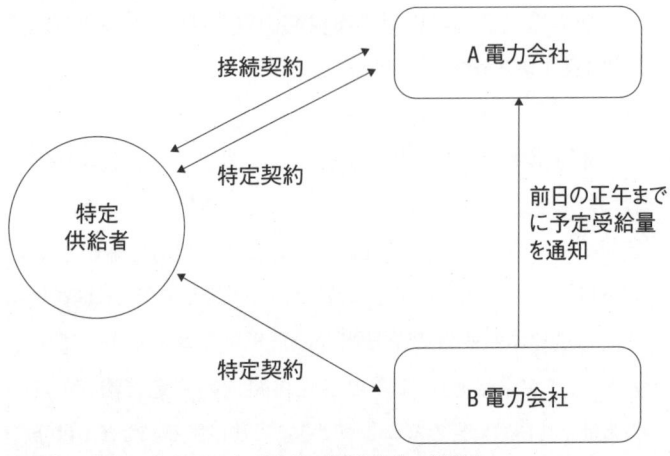

図表1-5　複数の電気事業者に対する供給の場合の具体例

(出所)　資源エネルギー庁「参考　関連条文の解説」

前日の正午時点で接続請求電気事業者に対して通知する必要があるため（図表1-5）、上記の要件を拒否事由としている（PA48頁55番参照）。

c　特定契約電気事業者と接続請求電気事業者が異なる場合

特定契約電気事業者と接続請求電気事業者が異なる場合（エリア外の一般電気事業者、新電力〈特定電気事業者または特定規模電気事業者〉に対する供給をする場合）にあっては、次のいずれかに該当すること（再エネ特措法施行規則4条1項4号）が拒否事由とされている（図表1-6）。

> ①　特定契約電気事業者が当該特定契約に基づき再生可能エネルギー電気の供給を受けることが地理的条件により

> 不可能であること（同号イ）
> ② 託送供給約款（電気事業法24条の３第１項の規定により接続請求電気事業者が経済産業大臣に届け出た託送供給約款〈同条第２項ただし書の規定により経済産業大臣の承認を受けた供給条件を含む〉）に反する内容を含むこと（同号ロ）

　上記は、接続の相手方と異なる電気事業者と特定契約を結ぼうとする場合の拒否できる正当な理由として、①再エネ発電設備と特定契約を締結する電気事業者との間で物理的に系統がつながっていない場合、②託送要件を満たすことができない場合について規定したものである。

　上記②は、複数事業者と特定契約を締結する際のルールについて現在新電力が運用しているルールと同じ制度を採用するとの考え方のもと、託送供給約款に基づかない託送はできない旨を定めるものである（PA50頁66番）。

　具体的には、以下の事由が必要となる。

> (i) 発電計画において優先順位を定められること。
> (ii) 同列であれば計画値按分を行い、その際の計画値は特定供給者が特定契約の相手方である電気事業者へ通知し、その電気事業者が接続の相手方である電気事業者へ通知し、計画値と実績の誤差分についても計画値按分と同じ比率での按分とする。
> (iii) ベース部分を新電力が、計画値と実績の誤差分を一般電気事業者が引き取ることができること。

(iv) 発電の前日に提出する翌日計画においては、優先順位の変更が可能なこと等。

図表1-6　エリア外の一般電気事業者・新電力に対する供給の場合

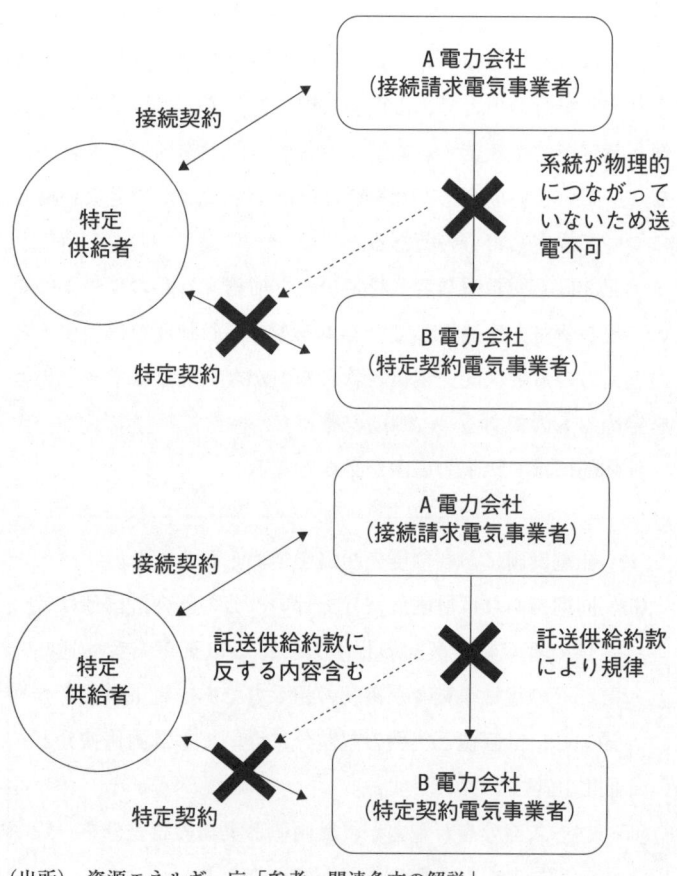

```
         A電力会社
     （接続請求電気事業者）
接続契約 ↕
                    系統が物理的
                    につながって
特定               いないため送
供給者              電不可
              ✗
              ↓
         B電力会社
      （特定契約電気事業者）
    特定契約 ✗
```

```
         A電力会社
     （接続請求電気事業者）
接続契約 ↕
        託送供給約款に    託送供給約款
        反する内容含む    により規律
特定              ✗
供給者              
              ↓
         B電力会社
      （特定契約電気事業者）
    特定契約 ✗
```

(出所)　資源エネルギー庁「参考　関連条文の解説」

上記①②の理由により特定契約の締結を拒もうとするときは、当該特定供給者に書面により当該理由があることの裏付けとなる合理的な根拠を示さなければならない（再エネ特措法施行規則4条2項）。

d 新電力が経済的に合理的な条件で供給できない場合

特定契約に基づく再生可能エネルギー電気の供給を受けることにより、①特定契約電気事業者（当該特定契約電気事業者が特定電気事業者または特定規模電気事業者である場合に限る）が、変動範囲内発電料金等（一般電気事業託送供給約款料金算定規則29条の2の2第1項に規定する変動範囲内発電料金等をいう）を追加的に負担する必要が生ずることが見込まれること、または、②当該特定契約に基づく再生可能エネルギー電気の供給を受けることにより、当該特定契約電気事業者が次号の用に供するための電気の量について、その需要に応ずる電気の供給のために必要な量を追加的に超えることが見込まれること（再エネ特措法施行規則4条1項3号）が拒否事由とされている。

これは、いわゆる新電力（特定電気事業者または特定規模電気事業者）が経済的に合理的な条件で供給できない場合を拒否事由とするものである。新電力が特定契約の締結に基づく電気の供給により、①変動範囲内発電料金（契約電力の3％の変動の範囲内〈以下「変動範囲内」という〉の変動に相当する量の電気の発電に係る料金）、②変動範囲外発電料金（変動範囲内を超えて不足する量の電気の発電に係る料金）が発生するおそれがある場合、および③余剰電力が発生するおそれがある場合を想定している（PA49頁59番）。

上記の理由により特定契約の締結を拒もうとするときは、新電力は、特定供給者に書面により当該理由があることの裏付けとなる合理的な根拠を示さなければならない（再エネ特措法施行規則4条2項）。「裏付けとなる合理的な根拠」としては、①特定契約の申込み時点での超過電力量および不足電力により負担した費用の発生状況、ならびに、②当該特定契約の締結によって、申込み時点で発生していた超過電力量および不足電力により負担した費用よりも、追加的に超過電力または不足電力により負担した費用が発生するおそれがあることを示す書面が考えられる。これは、新電力の経営情報（売上げや原価構成）までを要求する趣旨ではない（PA49頁63番）。

e　特定契約電気事業者と接続請求電気事業者が異なる場合の追加費用の支払（再エネ特措法施行規則4条1項2号ホ）

　特定契約電気事業者と接続請求電気事業者が異なる場合、特定供給者の認定発電設備に係る振替補給費用が生じた場合には、特定供給者は当該振替補給費用に相当する額を特定契約電気事業者に支払うことにあらかじめ同意しない場合が特定契約の拒否事由とされる。

　ただし、特定契約電気事業者が当該額の支払を請求するにあたってその額の内訳およびその算定の合理的な根拠を示した場合に限る。

　特定契約の相手方である電気事業者と接続の相手方である電気事業者が異なる場合において、特定供給者が負担する「追加的に支払うべき費用」について規定している。「追加的に支払うべき費用」としては、当該特定供給者による売電に伴い、接

続の相手方である電気事業者と特定契約の相手方である電気事業者との間で発生する、振替補給費用相当額を意味している（図表1－7）。すなわち、特定契約の相手方である電気事業者が特定供給者から再生可能エネルギー電気の調達を受けるためには、まず(i)接続の相手方である電気事業者との間で振替供給契約を締結する必要がある。その場合、託送供給約款上、特定契約の相手方である電気事業者は、接続の相手方である電気事業者に対して、前日時点で翌日の供給を受ける電力量を通告することとされている（再エネ特措法施行規則4条1項2号ヘ(2)）。また、(ii)その場合、別途振替補給契約を締結する必要があり、仮に前日時点で通告した電力量より実際の発電量が下回った場合においては、その不足分を接続の相手方である電気事業者が

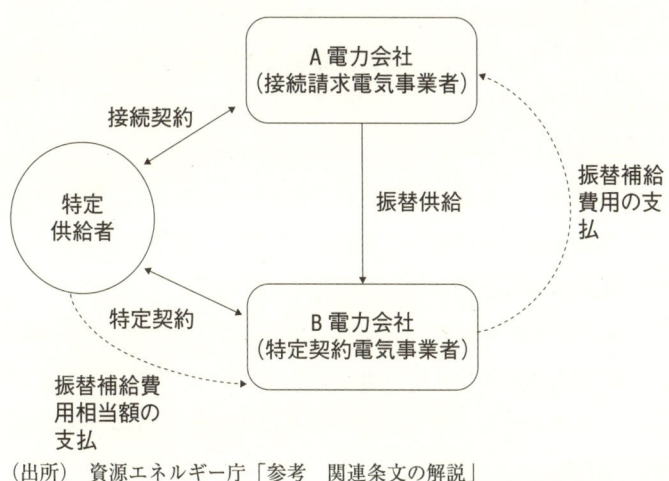

図表1－7　追加費用の支給

```
            接続契約          A電力会社
    特定 ←──────→  (接続請求電気事業者)
    供給者                        │
                      振替供給     │  振替補給
                                  │  費用の支
                                  │  払
            特定契約       B電力会社
         ←──────→  (特定契約電気事業者)
    振替補給費
    用相当額の
    支払
```

（出所）　資源エネルギー庁「参考　関連条文の解説」

第1章　再エネ特措法の解説

補充することとなる。その場合、不足した電力量分について特定契約の相手方である電気事業者が、接続の相手方である電気事業者に対して振替補給費用を支払う必要が生じるので、その振替補給費用に相当する額について、あらかじめ負担することが合意されていない場合は拒否することができるということとなる（PA48頁55番）。

「振替補給費用」とは、特定契約電気事業者と接続請求電気事業者が異なる場合に、特定契約電気事業者が接続請求電気事業者から、①再生可能エネルギー電気の供給を受けるために必要な振替供給に係る費用であって、②振替供給を受ける予定の電気の量（前日までに通知）より実際の供給量が下回って不足が生じた場合に、その不足を補うためにその下回った量の電気の供給を受けるために必要な費用のことをいう。

f 法の施行にあたり必要な協力が得られない場合（再エネ特措法施行規則4条1項2号イ～ハ）

当該特定供給者が、次に掲げる事項を当該特定契約の内容とすることに同意しないことが拒否事由とされている。

---

① 特定契約電気事業者が指定する日に、毎月、当該特定契約電気事業者が当該特定契約に基づき調達する再生可能エネルギー電気の量の検針（電力量計により計量した電気の量を確認することをいう。以下同じ）を行うこと、および当該検針の結果の通知については、当該特定契約電気事業者が指定する方法により行うこと（再エネ特措法施行規則4条2号イ）

② 特定契約電気事業者の従業員（当該特定契約電気事業者から委託を受けて検針を実施する者を含む）が、当該特定契約電気事業者が調達した再生可能エネルギー電気の量を検針するため、またはその設置した電力量計を修理もしくは交換するため必要があるときに、当該特定供給者の認定発電設備または当該特定供給者が維持し、および運用する変電所もしくは開閉所が所在する土地に立ち入ることができること（同号ロ）
③ 特定契約電気事業者による当該特定契約に基づき調達した再生可能エネルギー電気の毎月の代金の支払については、当該代金を算定するために行う検針の日から当該検針の日の翌日の属する月の翌月の末日（その日が銀行法15条1項に規定する休日である場合においては、その翌営業日）までの日のなかから当該特定契約電気事業者が指定する日に、当該特定供給者の指定する一の預金または貯金の口座に振り込む方法により行うこと（同号ハ）

　上記③において、「当該代金を算定するために行う検針の日から当該検針の日の翌日の属する月の翌月の末日までの日の中から当該特定契約電気事業者が指定する日」に支払う旨を合意しない場合に拒否することができることとされている。これは、バイオマス混焼発電の場合には、バイオマス比率の算定について燃料正常分析結果等の確定のために一定の期間が必要となり、RPS制度の実例においては、計量日の翌々月の20日に支払というフローとなっている例があることから、そのような実

態にあわせた規定としたものである（PA51頁81番）。また、固定買取価格制度の導入に伴い、多数の発電事業者の参入が予想されることもあり、事務処理上の煩雑さを回避するため、「電気事業者が指定する日」としている（PA51頁82番）。

g 契約に関する訴え、契約書の言語

特定契約に関する訴えは、①日本の裁判所の管轄に専属すること、②特定契約に係る準拠法は日本法とすること、および、③当該特定契約に係る契約書の正本は日本語で作成することに同意しないことが特定契約の拒否事由とされている（再エネ特措法施行規則4条1項2号ト）。

6 接続契約に応ずる義務

(1) 接続契約の意義・拒否事由（「正当な理由」）の考え方

　電気事業者（特定規模電気事業者を除く）は、特定契約の申込みをしようとする特定供給者から、当該特定供給者が用いる認定発電設備と当該電気事業者がその事業の用に供する変電用、送電用または配電用の電気工作物とを電気的に接続することを求められたときは、正当な理由がある場合を除き、当該接続を拒んではならない（再エネ特措法5条1項3号参照）。

　この点、再エネ特措法5条1項においては単に「接続」と規定されており「接続契約」が含まれるか明らかではないが、複雑かつ多様な権利関係が発生しうる接続に関して、接続契約なしに接続のみ強制することを立法者は意図したとは考えがたいことから、接続契約を含むと解釈するのが妥当であり、接続に関する契約の締結義務をも包摂するものと考えられる。

　拒否事由である「正当な理由」としては、下記(2)で説明するとおり、①特定供給者が当該接続に必要な費用を負担しない場合、②電気の円滑な供給の確保に支障が生ずるおそれがある場合、③系統運営上必要な措置（出力抑制）に協力しようとしない場合、④電気事業者が接続の実現に向けた措置を講じたうえでなお接続が困難な場合、⑤その他の特定供給者が接続や系統

運営上の必要な措置に協力しようとしない場合、⑥接続の請求やその内容が明らかに不正または不当である場合が認められる。

経済産業大臣は、正当な理由がなくて接続を行わない電気事業者があるときは、当該電気事業者に対し、当該接続を行うべき旨の勧告をすることができる（再エネ特措法5条3項）。また、経済産業大臣は、当該勧告を受けた電気事業者が、正当な理由がなくてその勧告に係る措置をとらなかったときは、当該電気事業者に対し、その勧告に係る措置をとるべきことを命ずることができる（同条4項）。

(2) 特定規模電気事業者

「特定規模電気事業者」は、PPS（Power Producer and Supplier）とも呼ばれる。

特定規模需要に応じる電気の供給（特定供給を除く）を行う事業者であって、一般電気事業者がその供給区域以外の地域の特定規模需要に応じ、他の一般電気事業者が維持し、運用する供給設備を介して、または、一般電気事業者以外の者が一般電気事業者が維持し、運用する供給設備を介して行うものである。特定規模電気事業を営む場合は、経済産業大臣への届出が必要となる。ダイヤモンドパワー、丸紅、新日鉄、エネット、イーレックス等がかかる事業を行っている。

特定規模電気事業者については、特定供給者の発電設備が接続するような電線等の保有を前提としない事業形態であるため、接続請求に応ずる義務（再エネ特措法5条1項）はない。

(3) 拒否事由の具体的内容

a 特定供給者が当該接続に必要な費用を負担しない場合（再エネ特措法5条1項1号、再エネ特措法施行規則5条）

特定供給者が、認定発電設備によって発電した電気を供給するため、当該認定発電設備と電気事業者の変電所または送配電線を接続するために必要となる費用を負担しない場合である。電源線の敷設費用など、再エネ特措法施行規則5条で具体的に以下の費用（①～③）が列挙されている。電気事業者が不当に拒否しないためにできる限り明確化されている。

---

① 接続に係る電源線（電源線に係る費用に関する省令1条2項に規定する電源線〈同条3項2号から7号までに掲げるものを除く〉）の設置・変更に係る費用（1号）

② 特定供給者の認定発電設備と被接続先電気工作物（当該特定供給者が自らの認定発電設備と電気的に接続を行い、または行おうとしている接続請求電気事業者の事業の用に供する変電用、送電用または配電用の電気工作物）との間に設置される電圧の調整装置の設置、改造または取替えに係る費用（①に掲げるものを除く）（2号）

③ 特定供給者が供給する再生可能エネルギー電気の量を計量するために必要な電力量計の設置または取替えに係る費用（3号）

ただし、接続請求を受けた電気事業者（「接続請求電気事業

者」)は、特定供給者から再エネ特措法5条1項の規定による接続の請求があった場合には、当該特定供給者に書面により上記の費用の内容および積算の基礎が合理的なものであること、ならびに当該費用が必要であることの合理的な根拠を示さなければならない(再エネ特措法施行規則5条2項)。

b 電気の円滑な供給に支障が生ずるおそれがある場合(再エネ特措法5条1項2号)

この拒否事由に該当する多くの場合である、①電圧の値を適正に維持できない場合や熱容量が不足する場合、または②風力発電の連系可能量を超える場合等の周波数を適正に維持できない場合などについては、送電可能な量の問題としてとらえられることから、その点を明確化するため、省令上の拒否事由の一つとしての「送電可能な量を合理的に超える場合」に該当すると考えられる。したがって、本事由により電気事業者が拒否する場合は限定的な場合に限られると考えられる(PA68頁235番、236番)。

c 系統運営上必要な措置(出力抑制)に協力しようとしない場合(再エネ特措法5条1項3号、再エネ特措法施行規則6条3号)

特定供給者が接続請求電気事業者との間の接続契約において、以下の内容を契約の内容とすることに同意しないことが拒否事由とされている。

① 電気の供給量が需要量を上回ることが見込まれる場合の出力抑制(再エネ特措法施行規則6条3号イ)

電気の供給量が需要量を上回ることが見込まれる場合であっ

て、接続請求電気事業者が下記の回避措置を講じたうえで、年30日を上限として、500kW以上の太陽光発電設備および風力発電設備を用いる特定供給者の供給する再生可能エネルギー電気を補償措置なく抑制することができること等について契約内容とすることを、特定供給者があらかじめ同意しない場合が接続契約の拒否事由とされている。

【回避措置】
(i) 一般電気事業者が保有する発電設備（原子力発電設備、揚水式以外の水力発電設備および地熱発電設備を除く）の出力抑制
(ii) 卸電力取引所を活用する等、需要量を上回ると見込まれる供給電力を売電するための措置

この場合、当該接続請求電気事業者は、これらの回避措置を講じたとしても、なお電気の供給量が需要量を上回ることが見込まれると判断した合理的な理由および当該指示が合理的なものであったことを、当該指示をした後遅滞なく示さなければならない。

回避措置を前提とするのは、電力系統利用協議会（ESCJ）ルールに規定する、優先給電ルールを前提とするためである。優先給電ルールとは、太陽光および風力発電の出力の抑制を極力回避するために火力発電等を優先して抑制する措置である。

パブリックコメント案では、年8％の時間に相当する720時間を上限とする出力抑制が検討されていたが、太陽光発電につ

いては、年間日照時間は2,020～2,030時間程度であり、720時間の出力抑制は35%にも相当するという懸念もあったため、時間単位ではなく日数単位で出力抑制の計算を行うこととして、年8％に相当する30日を上限とした（PA58頁147番）。

② 天災事変の場合その他の事由による出力抑制（再エネ特措法施行規則6条3号ロ・ハ）

以下に掲げる場合（(i)および(ii)については、接続請求電気事業者の責めに帰すべき事由によらない場合に限る）には、当該接続請求電気事業者が当該特定供給者の認定発電設備の出力の抑制を行うことができること、および当該接続請求電気事業者が、書面により当該抑制を行った合理的な理由を示した場合には、当該抑制により生じた損害の補償を求めないことについて契約内容とすることを、特定供給者があらかじめ同意しない場合が接続契約の拒否事由とされている。

(i) 天災事変により、被接続先電気工作物の故障または故障を防止するための装置の作動により停止した場合

(ii) 人もしくは物が被接続先電気工作物に接触した場合または被接続先電気工作物に接近した人の生命および身体を保護する必要がある場合において、当該接続請求電気事業者が被接続先電気工作物に対する電気の供給を停止した場合

(iii) 被接続先電気工作物の定期的な点検を行うため、異常を探知した場合における臨時の点検を行うためまたはそれらの結果に基づき必要となる被接続先電気工作物の修

> 理を行うため必要最小限度の範囲で当該接続請求電気事業者が被接続先電気工作物に対する電気の供給を停止または抑制する場合
>
> (ⅳ) 当該特定供給者以外の者が用いる電気工作物と被接続先電気工作物とを電気的に接続する工事を行うため必要最小限度の範囲で当該接続請求電気事業者が被接続先電気工作物に対する電気の供給を停止または抑制する場合

③ 上記①および②以外に行う出力抑制（再エネ特措法施行規則6条3号ニ）

　接続請求電気事業者が上記①および②以外で行う出力抑制については、接続請求電気事業者が保有する発電設備（原子力発電設備、揚水式以外の水力発電設備および地熱発電設備を除く）の出力抑制などの①で掲げた「回避措置」を講じたうえであることを条件として、出力抑制をすることについて契約内容とすることを、特定供給者があらかじめ同意しない場合が接続契約の拒否事由とされている。

　ただし、この場合は、当該特定供給者に対しその出力抑制がなければ得られたはずの売電収入相当額の補償措置を行うことを条件とする。

　当該特定供給者および当該接続請求電気事業者の双方にとりまったく予想外の事態が生じ、かつ、当該事態が当該接続請求電気事業者の責めに帰すべき事由によらないことが明らかな場合は、この限りでない。

第1章　再エネ特措法の解説

d 電気事業者が接続の実現に向けた措置を講じたうえでなお接続が困難な場合（再エネ特措法5条1項3号、再エネ特措法施行規則6条5号・6号）

送電可能な量を超過する場合において電気事業者は、代替案をその根拠とともに提示するか、代替案の提示が困難な場合にはその旨を根拠とともに説明することで、接続を拒否することが可能となる。

① 当該接続により接続希望地点における送電可能な容量を超えることが合理的に見込まれる場合（再エネ特措法施行規則6条5号）

接続請求電気事業者が、当該接続の請求に応じることにより、被接続先電気工作物に送電することができる電気の容量を超えた電気の供給を受けることとなることが合理的に見込まれる場合であって、次に掲げる措置を講じた場合が、接続契約の拒否事由とされている。

(i) 接続請求電気事業者が特定供給者に対し、その裏付けとなる合理的な根拠を示す書面を示した場合
(ii) 接続請求電気事業者が、特定供給者による接続の請求に応じることが可能な被接続先電気工作物の接続箇所のうち、当該特定供給者にとって経済的にみて合理的な接続箇所を提示し、当該接続箇所が経済的にみて合理的なものであることの裏付けとなる合理的な根拠を示す書面（当該接続箇所の提示が著しく困難な場合においてはその旨、およびその裏付けとなる合理的な根拠を示す書面）を示し

> た場合

② 出力抑制をしてもなお電気事業者が受け入れることが可能な電気の量を超えた電気の供給を受けることになる場合（再エネ特措法施行規則6条6号）

　接続請求電気事業者が、当該接続の請求に応じることにより、年間30日の補償措置なしの出力抑制（再エネ特措法施行規則6条3号イ）を行ったとしてもなお、当該接続請求電気事業者が受け入れることが可能な電気の量を超えた電気の供給を受けることとなることが合理的に見込まれること（当該接続請求電気事業者が当該特定供給者に対し、その裏付けとなる合理的な根拠を示す書面を提出した場合に限る）が接続契約の拒否事由とされている。

e　その他の特定供給者が接続や系統運営上の必要な措置に協力しようとしない場合

① 接続に不可欠な情報の不提供（再エネ特措法5条1項3号、再エネ特措法施行規則6条1号）

　当該特定供給者が、自らの認定発電設備の所在地、出力その他の当該認定発電設備と被接続先電気工作物とを電気的に接続するにあたり必要不可欠な情報を提供しないことが、接続契約の拒否事由とされている。

② 特定供給者が以下の事項を接続に係る契約の内容とすることに同意しない場合

　以下の事項を接続契約の内容とすることに同意しないことが、接続契約の拒否事由とされている。

(i) 接続請求電気事業者の従業員(当該接続請求電気事業者から委託を受けて保安業務を実施する者を含む)が、保安のため必要な場合に、当該特定供給者の認定発電設備または特定供給者が維持し、および運用する変電所もしくは開閉所が所在する土地に立ち入ることができること(再エネ特措法施行規則6条4号イ)。

(ii) 出力抑制に応じるために必要となる通信設備の設置、対応要員の配置などの体制の整備を行うこと(再エネ特措法施行規則6条3号イ)。

(iii) 当該接続に係る契約に関する訴えは、日本の裁判所の管轄に専属すること、当該接続に係る契約の準拠法は日本法によること、および当該接続に係る契約の契約書の正本は日本語で作成すること(再エネ特措法施行規則6条4号ハ)。

f 接続の請求やその内容が明らかに不正または不当である場合

特定契約と同様の拒否事由が以下のとおり、接続契約について定められている。

① 接続に係る契約の内容が、虚偽の内容を含む場合(再エネ特措法施行規則6条2号イ)。

② 接続の請求が正常な商慣習または社会通念に照らして著しく不合理と認められる場合(再エネ特措法施行規則6条2号ロ・ハ・同4号ロ)。

(i) 接続契約の内容が、法令の規定に違反する内容を含む場合。

(ii) 接続契約の内容が、電気事業者に対し、責めに帰すべき事由によることなく賠償を求める(出力抑制に係る再エネ特措法

施行規則6条3号ニを除く）または当該電気事業者の義務違反によって生じた損害を超えた賠償を求める旨の規定を含む場合。

(ⅲ) 電気事業者が特定供給者が暴力団等ではないことおよび暴力団等と関係ないことを確約する旨の規定を接続契約の内容とすることに同意しない場合。

7 特定契約・接続契約の性格

(1) 契約関係のパラダイムシフト

再エネ特措法の肝は再生可能エネルギー事業者が電力会社に対して、固定価格で一定期間、再生可能エネルギー電気を買い取らせるものであり、電力会社と再生可能エネルギー事業者の契約関係を「パラダイムシフト」(制度などの根本的な変革)させるものといえる。

すなわち、私法上の私人間の契約は、①契約締結、②相手方選択、③内容形成、④方式についていわゆる契約の自由の原則[12]が妥当し、一定の場合を除いて、契約について両当事者の合意によって決定することができる。この点、電力の受給契約に関しては、契約自由の原則が妥当しつつも、事実上、往々にして強い立場にあった電力会社が自己に有利な契約条件で契約を締結してきたという経緯がある。これに対して、再エネ特措法は、固定価格での買取りを一定期間、強制するという、契約自由の原則の例外(上記でいえば、①、②。また、下記(3)のPA(PA43頁6番)によれば③も包含している)を設けることによって、電気の供給者側が不当に弱い立場にならず契約締結することができるという「特別の措置」(再エネ特措法1条)を設けて

---

[12] 山本敬三著『民法講義Ⅳ-1』(有斐閣・平成17年)18頁参照。

いるのである。

(2) 特定契約締結・接続契約締結を拒否できる事由

上記5および上記6で説明したとおり、電気事業者は、特定供給者からの特定契約の申込みについて、経済産業省令（再エネ特措法施行規則）に定める「正当な理由」がない限りこれを拒むことはできないこととされている。

特定契約の締結を拒むことができる「正当な理由」については、再エネ特措法施行規則4条に列挙されている。また、接続の請求に係る「経済産業省令で求める接続に必要な費用」については、同法施行規則5条に、接続の請求を拒むことができる「正当な理由」については、同法施行規則6条に列挙されている。

これらの拒否事由に該当しない限り、電気事業者は特定供給者との間で、特定契約や接続契約を締結しなければならないのであるから、上記記載のとおり再エネ特措法は、従来の電気事業者と再生可能エネルギー事業者の契約関係を「パラダイムシフト」させるものといえる。

(3) 電気事業者の承諾義務

さらに、再エネ特措法の関連政省令のパブリックコメント回答（PA）[13]においては、「特定契約については、法律上特定供給者が提示した契約書に基づき特定契約の締結をすることも可能です。また、特定契約の内容に関し特定供給者が求めてきた

事項について、その内容を拒否することができる正当な理由がない場合には特定契約の締結に応じる義務があります。そのような場合に特定契約の締結に応じない電気事業者がいる場合には、法律の規定に基づき経済産業大臣の勧告（法第4条第3項）及び措置命令（法第4条第4項）権限に基づき適切に指導していきます。」(PA43頁6番) とされている。

かかるPAの記載からは、再エネ特措法の規定上は明確ではないものの、電気事業者には、「特定供給者が求めてきた特定契約および接続契約の内容について、その内容が拒否できる正当な理由がない場合には特定契約および接続契約の締結に応じる承諾義務」まであるとも解釈上考えられる。もっとも、下記(4)のとおり、かかる義務は絶対的な義務（すなわち強行規定）とまではいえないと考えられる。

(4) 拒否事由は強行規定か任意規定か

上記(2)のとおり、特定契約と接続契約の拒否事由は限定されており、また、上記(3)のとおり、電気事業者には特定供給者が求める特定契約への承諾義務があると考えられる。

しかしながら、下記8でみるとおり、実際には、特定契約と接続契約の拒否事由を無視したような再エネ契約要綱の条項が散見されるところである。

---

13 平成24年6月18日「電気事業者による再生可能エネルギー電気の調達に関する特別措置法の施行に向けた主要論点に対する意見募集の結果について」(http://search.e-gov.go.jp/servlet/Public?CLASSNAME=PCMMSTDETAIL&id=620112023&Mode=2)

この点に関しては、再エネ特措法上の特定契約および接続契約の拒否事由および締結義務を定める再エネ特措法4条1項および5条1項は、当事者間の合意で変更が可能な任意規定（公の秩序に関せざる規定〈民法91条参照〉）にすぎないのか、それとも、当事者間の合意でも排除がすることができない強行規定（公の秩序に関する規定）であるのか議論がありうる。

この点、任意規定か強行規定かは、①法律の明文上、強行規定であることが明示されていればそれによるが、②そうでない場合には、法律の趣旨等を勘案して決定されると考えるというのが一般的である[14]。

再エネ特措法の法文の記載上は、明示されていないので、②のパターンで決せられると思われる。

この点、電気事業者が正当な理由なく特定契約や接続契約の締結に応じない場合に、経済産業大臣が、勧告をする権限（再エネ特措法4条3項、5条3項）や、電気事業者が正当な理由なく勧告に係る措置をとらない場合に措置命令をする権限（同法4条4項、5条4項）を有することを特に規定していることにかんがみると、当該法律を、私人と私人との関係で直接規律するのではなく、国からの規制によって、私人間の法律関係を間接的に適正にすることを予定するという立法者意思が看取され、当該規制によって間接的に規定の遵守をエンフォースさせることを予定していると推察されるから、直接的に私人間の契

---

14 なお、強行規定の例としては、①借地借家法（9条、16条、21条、31条、37条）、②民法上の物権に関する規定・親族相続に関する規定、③利息制限法（1条、4条）、④身元保証法6条があげられる。

約の効力に関しては介入しない立て付けと評価され、任意規定である可能性が高いと思料される。

かかる理解によれば、任意規定であるため、電気事業者と特定供給者が真に合意すれば、経済産業大臣が毎年度、当該年度の開始前に決定する再生可能エネルギー電気の発電区分に応じた「調達価格」「調達期間」とは異なる、調達価格と調達期間の特定契約を締結したり、特定契約・接続契約の「正当な理由」とは異なる内容の特定契約を締結することも不可能ではないと考えられる。なお、当該契約の内容によっては民法90条の公序良俗違反の無効の適用がありうることは当然であることには留意されたい。

もっとも、特定供給者が相当な資本力等を有する大手企業等でなければ、電気事業者との交渉力・情報力の格差は大きく、対等な立場で「真の合意」をすることは通常想定できない。そこで、経済産業大臣が勧告権限と措置命令権限により、後見的に特定契約・接続契約の内容を適正化することとされている。かかる構造からすると、再エネ特措法は、適正な契約のためのデフォルトルールであり、電気事業者がこれに従うことが強く期待される「半強行規定」であると考えられる。すなわち、行政によって事実上、履行が強く求められるという点で、行政の力を得ずともエンフォース可能な純粋な強行規定と異ならない程度に、エンフォースが確保されているという法的な立て付けという意味で「半強行規定」と評価してよいものといえる。

(5) 連系覚書・電力受給仮契約書

再エネ特措法のもとでは、電気事業者との接続契約の申込みに係る書面を電気事業者が受領した時点または設備認定時点のいずれか遅い日を基準時として、当該年度の調達価格・調達期間を適用することとされている（平成24年告示）。この関係で、特定契約や接続契約を着工前に締結することになるので、いままで締結していた連系覚書や電力受給仮契約書の締結は不要となる（PA44頁7番）。

(6) 特定契約書と接続契約書の立て付け

特定契約と接続契約の相手方である電気事業者が異なる場合であっても、法律上は三者間の契約は必要とされておらず、それぞれ別に契約を締結することが可能である（PA44頁8番）。

また、特定契約と接続契約の相手方となる電気事業者が同一の場合には、特定契約と接続契約が一体となった電力受給契約書を締結することも可能である（PA44頁8番）。モデル契約書も、特定契約と接続契約の相手方となる電気事業者が同一であることを前提としたものであり、特定契約書と接続契約書を一体的に規定している。

(7) 複数の特定契約

2MW以上の発電設備を設置しようとする場合、原則として特別高圧連系となり、接続に要する費用が増加することを理由に発電設備を分割することを求めることがある（分割された電

力は別々の高圧線につなげる)。

　特定供給者が接続費用を負担するとされていることから、特定供給者が分割の契約を希望しない場合であって、当該接続によって希望する特別高圧の連系点の送電可能な量を超えない場合については、電気事業者は接続希望地点の接続を拒むことができない。ただし、希望する特別高圧の連系点の容量が不足する場合であれば、上記を代替案の提示として、電気事業者は、特定供給者が希望する接続地点における接続を拒否することができる(PA44頁10番)。

　同一敷地に敷設された複数の発電設備について、それぞれ別々に設備認定を受けた場合、特定供給者は同一の電気事業者との間で複数の特定契約を締結することができる(PA44頁11番)ので、上記のように分割されても特定供給者側に不利益はあまりない。かえって、特定供給者には、2MW未満の太陽電池発電設備であれば、電気事業法に係る使用前安全管理検査を経る必要がないというメリットがある。従前は500kW以上の太陽電池発電設備について使用前安全管理検査が必要であったが、平成24年6月に施行された電気事業法施行規則の改正により2MW以上となった。

　また、ファイナンスの観点でも、特別高圧連系となると接続費用が増加することにかんがみれば、複数の特定契約を締結することは望ましいともいえるだろう。

8 再エネ契約要綱の検討

(1) 各電力会社の再エネ契約要綱

　再エネ特措法の施行を受けて、各電力会社は再エネ特措法に基づく契約要綱（以下「再エネ契約要綱」という）を公表し、これに基づく電力受給契約を締結することを申込者である再生可能エネルギー事業者に求めている。かかる各電力会社の契約要綱の条項は、従前の電力受給契約の条件とあまり変わりはなく、再生可能エネルギー事業者に不利益なものであり、再エネ特措法の趣旨[15]に反するのではないかとの批判が多く聞かれた。

　資源エネルギー庁新エネルギー対策課が平成24年9月26日に公表した「特定契約・接続契約に関するモデル契約書」[16]（以下「モデル契約書」という）は、上記の批判・懸念を払拭し、電力会社と特定供給者の契約関係の適正化をもたらす可能性を秘めたものであると評価できる。

15　再エネ特措法1条参照。要は上記記載の事業者側に安定的な仕組みを構築することによって、参入プレイヤーをふやし、結果として、再生エネルギーの増加によって国民の経済等に資することにある。
16　http://www.enecho.meti.go.jp/saiene/kaitori/legal_keiyaku.html#nav-kaitori-detail

(2) 再エネ契約要綱に基づく電力受給契約締結の手続

再エネ契約要綱と契約の成立の法形式については特定供給者に対して、電気事業者が再エネ契約要綱という一種の約款を呈示しそれを承認させたうえで申込みをさせ、電気事業者がかかる申込みを承諾することによって、当該再エネ契約要綱を内容とする契約が成立するという立て付けをとっている。各電力会社の契約要綱は各電力会社のホームページにおいて公表されている。

再エネ契約要綱に基づく電力受給契約の締結の手続は電力会社各社によって若干異なるが、おおむね下記のような手続によっている。

a 事前相談

10kW未満の太陽光発電設備を除き、電力会社の事業所において、申込者の事業計画内容をもとに事前相談をすることを要する。契約内容によっては、確認に日数を要することがある。技術検討に先立ち、事前照会に係る費用として、アクセス検討料を徴収される場合もある。詳細な検討および連系の可否については、接続検討（下記b）により回答する。

b 接続検討の申込み

10kW未満の太陽光発電設備を除き、電力会社は自社の電線路への連系にあたり、当該電力会社の設備の新たな施設または変更等について検討（接続検討）を行う必要があるため、電力受給契約の申込みに先立ち、接続検討申込書（ホームページよ

りダウンロード可能）により接続検討の申込みをする。接続検討の結果については、原則として3カ月以内に申込者に対して知らせる。検討期間が最大3カ月とされているのは、一般社団法人電力系統利用協議会（ESCJ）の「電力系統利用協議会ルール」において、一般電気事業者の送配電部門は、接続検討の申込みを受けた場合は、接続検討の申込みを受けてから検討終了次第すみやかにかつ3カ月以内に接続検討結果を回答するとされていることにかんがみたものと考えられる。

接続検討の調査料として、1地点1検討につき21万円（税込）を要するとする電力会社が多い。ただし、発電設備の容量が50kW未満の場合等、軽微な検討内容の場合には、調査料は不要となる。接続検討の回答については、連系を保証されるものではない。

c 設備認定

再エネ特措法の固定価格買取制度における調達価格・調達期間の適用を受けるためには、設置する設備について経済産業大臣の認定を受ける必要がある（再エネ特措法6条）。

なお、事前相談（上記a）、接続検討（上記b）の申込み前に、設備認定申請手続を行うことも可能である。

d 電力受給契約の申込み

再エネ契約要綱を承認のうえ、①自家用電気使用申込書、②電力受給契約申込書、③連系のために必要となる技術協議資料、④認定通知書（写し）により、申込みをする。

この際、申込み内容が接続検討時の内容（申込み内容・当社の系統状況等）から変更になった点がないか確認する。

電力会社の電線路への連系にあたって、設備を新たに設置または変更する場合は、必要となる工事費用の全額を工事費負担金として、原則工事着手前までに電力会社に支払うことになる。

e 技術検討

10kW未満の太陽光発電設備については、上記dの電力受給契約の申込み後に接続検討が行われる。系統連系の技術検討は、「電気設備に関する技術基準を定める省令」「電気設備の技術基準の解釈」「電力品質確保に係る系統連系技術要件ガイドライン」およびその他の法令等に基づき行う。

f 契約手続および買取開始

申込者が、契約要綱ではなく、受給契約書によって契約締結を希望する場合または電力会社が受給契約書の作成を必要とする場合には、別途、受給契約書により契約を締結する。

保安の観点等から、相互に申合せ事項等を取り決めた運用申合書および実施細目を締結する場合がある。

申込者と協議のうえ、準備が整い次第、電力の買取りを開始する。申込者から電力会社が買取りをした電力量については、毎月「購入電力量のお知らせ（検針票）」にて通知する。

(3) 再エネ契約要綱の問題点

各電力会社の再エネ契約要綱はそれぞれ異なるが、再エネ特措法の規定にかんがみて、以下のような共通する問題点があると考えられる。それぞれの項目におけるモデル契約書の規定もあわせて紹介する。

a 要綱の変更

「当社は、この要綱を変更することがあります」として、再エネ契約要綱を電力会社の一存で変更できる旨規定しているのが通常である。この場合には、料金その他の受給条件は、変更後の再エネ契約要綱によることになる。

これはいわゆる「約款の変更」に該当するものである。約款は契約の内容となるところ、契約は当事者間の合意によってのみ変更できることが原則であるが、約款に事前に「約款の変更」に関する変更条項を設けることにより、変更をする余地を設ける場合がある。

もっとも、仮に「約款の変更」に関する変更条項を設けたとしても、約款変更の必要性の程度、変更が相手方に与える不利益の程度などを総合的に考慮し合理的な場合にのみ約款の変更が認められると一般的には考えられている。手続保障（事前の通知や公表など）も必要となりうる（法制審議会民法〈債権関係〉部会「民法（債権関係）部会資料42 4約款の変更」参照）。

かかる観点からすると、上記のように無制限に再エネ契約要綱を変更できる旨の規定を設けたとしても、無制限に変更することが可能ではなく、変更には合理的な限界があると考えられる。

この点、モデル契約書においては、「本契約は、甲及び乙の書面による合意によってのみ変更することができる。」（第7.4条）として、契約の一般原則に従っている。

b 契約期間

多くの電力会社では、再エネ契約要綱において、「契約締結

日から1年ごとに自動更新」または「初年度の契約期間は契約締結日からその年度の末日までとし、その後は1年ごとの自動更新」とされている。

 これは、たとえば、10kW以上の太陽光発電設備については、調達期間が20年とされている点に反する可能性があるのではないかという問題となりうる。

 再エネ特措法4条1項において、特定契約の期間については、「調達期間を超えない範囲内の期間」と記載されているので、再エネ特措法は調達期間よりも短い期間の特定契約を締結すること自体は認めており、また、再エネ特措法の規定は任意規定（上記7(4)参照）であると考えられることにかんがみると、1年ごとの自動更新も再エネ特措法に違反するものではないとも考えられよう。もっとも、長期間の契約が想定されるにもかかわらず、1年ごとの更新とするのは、自動更新とはいえ、電力会社側に有利な取扱いであり、前記立法の目的との関係からすれば、適切とは評価できない。

 また、上記記載のように、電気事業者は特定供給者が求めてきた特定契約および接続契約の内容についても、その内容が拒否できる正当な理由がない場合には特定契約および接続契約の締結に応じる承諾義務を負っているから、特定供給者側が、要綱の規定でなく、調達期間での契約の締結を主張し、それに電気事業者が応じないことは、再エネ特措法に違反することは論を待たない。

 この点、関西電力の電力受給契約では、「受給開始日から再エネ特措法に定める再エネ発電設備に係る調達期間（以下「適

用期間」といいます）満了の日までといたします。」とされており、再エネ措置法の趣旨に合致していると考えられる。

モデル契約書では、受給開始日である「〇年〇月〇日から起算して〇（例：240）月」とされており、再エネ特措法における調達期間を基本的に想定している。

c　承諾の限界

電力会社各社の再エネ契約要綱においては、「法令、電気の需給状況、用地事情、発電者の債務の支払状況その他によってやむをえない場合には、受給契約の申込みの全部または一部をお断りすることがありえます。」との規定が置かれている。

「法令」については、再エネ特措法上の特定契約および接続契約の正当な理由（拒否事由）を指し、「電気の需給状況」は、接続契約の拒否事由の一つである出力抑制（再エネ特措法施行規則6条3号）に該当するとも考えられるが、「用地事情、発電者の債務の支払」といった事情は、特定契約や接続契約の拒否事由に直接的に該当するものはないと考えられる。

いずれにせよ、電気事業者に包括的な承諾拒否事由を与える規定であり、「特定供給者が求めてきた特定契約および接続契約の内容について、その内容が拒否できる正当な理由がない場合には特定契約および接続契約の締結に応じる承諾義務」（上記7(3)）に反する可能性がある。

d　電力受給契約の締結

各電力会社の再エネ契約要綱では、特別の事情がある場合で、特定供給者または電力会社が必要とするときは、別途、電力受給契約書を締結することを認めている。

もっとも、上記7(3)で説明したとおり、「特定供給者が求めてきた特定契約および接続契約の内容について、その内容が拒否できる正当な理由がない場合には特定契約および接続契約の締結に応じる承諾義務」があることにかんがみると、「特別の事情がある場合」にのみ変更を認めるのは再エネ特措法の趣旨に反するものと考えられる。

再エネ契約要綱とモデル契約書はまったく別の契約体系なので、特定供給者がモデル契約書での契約の締結を求めた場合に、電気事業者は再エネ契約要綱に定める「特別の事情」がないとして契約の締結を拒むことはできないと考えられる。

e 電力受給の停止、制限または中止

各電力会社の再エネ契約要綱では、電力受給契約または接続供給契約に基づき、電気の供給または接続供給を停止する場合には、電力受給を停止することや、電力受給契約または接続供給契約に基づき、電力会社による電気の供給を中止し、または特定供給者に電気の使用を制限し、もしくは中止する場合には、電力受給を制限または中止することがある旨規定している。

かかる規定は、再エネ特措法施行規則6条3号において、接続拒否事由としての出力抑制ができる場合を限定しているにもかかわらず、それ以外の場合に出力抑制を認める可能性について規定している。また、再エネ特措法上の出力抑制ができる場合に必要な回避措置や補償措置について、なんら規定をしていない。

これに対して、モデル契約書第3.2条において、出力抑制

できる場合について規定しているが、再エネ特措法施行規則6条3号の出力抑制の規定をほぼそのまま規定している。

f 損害賠償の免責事由

各電力会社の再エネ契約要綱では、上記eのとおり、電力受給を停止した場合には電力会社は特定供給者からの損害賠償が免責されるとされている。

しかしながら、再エネ特措法施行規則6条3号では、年30日間以内の出力抑制（回避措置をとるのが前提）（同号イ）、天災事変の場合（同号ロ）、人の生命身体財産を保護する必要がある場合（同号ロ）、被接続先電気工作物につき修理補修が必要な場合（同号ハ）を除き、電力会社は出力抑制をしたことによる損害を補償しなければならない（同号ニ）。再エネ契約要綱の損害賠償の免責事由は接続契約の「正当な理由」を超える拒否事由を定めるものとして再エネ特措法の趣旨に反する可能性がある。

モデル契約書第3.2条の4項以下では、補償措置を求めることができる場合について具体的に規定している。

g 名義の変更

各電力会社の再エネ契約要綱では、相続その他の原因によって、新たな特定供給者が、それまで電力会社への電気の供給を行っていた特定供給者の当該電力会社に対する電力供給についてのすべての権利義務を受け継ぎ、引き続き電力供給を希望する場合は、名義変更の手続によることができる旨を規定している。これは、相続や合併、会社分割などの包括承継事由がある場合の権利義務の承継について規定するものである。

しかしながら、各電力会社の再エネ契約要綱には売電債権を第三者に譲渡することができるか否かについて規定していない。また、特定契約や接続契約の特定供給者としての地位を譲渡できるか否かについても特段の規定はない。

この点、特定供給者に融資（発電設備の建設、土地の確保等の費用が主たる使用使途であると想定される）をする金融機関としては、特定供給者が電気事業者に対して有する売電債権（将来債権を含む）や特定契約の契約上の地位（譲渡予約に関する予約完結権の設定の合意を含む）について、第三者に譲渡すること、担保に供することが可能であるかは融資の可否・条件を決定するうえで重要な関心事である。

なお、再エネ特措法上、売電債権の譲渡について特段禁止規定はなく、また、再エネ契約要綱には債権譲渡禁止特約（民法466条2項）がないので、債権譲渡自由の原則（同条1項）により、特定供給者は売電債権を自由に譲渡したり、担保に供したりすることができるとも考えられる。しかしながら、伝え聞くところによれば、電力会社は現在のところ、売電債権の譲渡に否定的な立場をとる場合がいまだ多数存在するようである。

これに対して、特定契約や接続契約の地位の譲渡は、民法の原則によっても相手方の同意が必要なので、電力会社の同意が前提となる。

この点、経済産業省（資源エネルギー庁）としては、上記のような担保設定に関する規定が、特定契約の締結拒否事由である「正常な商慣習又は社会通念に照らして著しく不合理と認められる場合」には該当せず、かえって、「債権譲渡や特定供給

者たる地位の譲渡については、資金調達のための担保という観点から重要な事項であると考えております。」(PA52頁93番)としており、金融機関のファイナンスの便宜を重要視していることが注目される。かかる考えに従い、また、再エネ特措法1条の立法趣旨にかんがみると、再エネ特措法は広く同法を利用して再生エネルギーの利用が活性化されることを意図していると解釈され、そうすると、当該利用のための手段に関してはできるだけ再エネ特措法を利用したスキームの便宜にかなう解釈をすることが、同法の趣旨にかなうと解釈できるから、特定契約の拒否事由に該当せず、特定供給者が①売電債権の譲渡や②特定契約や接続契約の地位譲渡の予約を求めた場合には、電気事業者はこれを承諾する法的義務を負うと評価される可能性が高い。

モデル契約書第7.2条においては、①相手方の事前の書面による同意がある場合を除いて、権利義務の譲渡が禁止されることを原則として、②特定供給者(甲)が自らの資金調達先に対する担保として、「本契約等に定める甲の乙に対する権利を譲渡すること又は本契約等に基づく地位の譲渡予約契約を締結すること及びこれらの担保権の実行により、本契約等に基づく甲の乙に対する権利又は甲の地位が担保権者又はその他の第三者(当該第三者〈法人である場合にあっては、その役員又はその経営に関与している者を含む〉が、反社会的勢力に該当する者である場合を除く)に移転することについて、乙は予め同意するものとする。」と規定している。すなわち、金融機関等からのファイナンスの担保として、売電債権を譲渡すること、および、特

定契約や接続契約の契約上の地位を譲渡することにあらかじめ同意する旨の規定を置いている。

h 暴力団排除条項

特定契約および接続契約において、「当該特定供給者（法人である場合にあっては、その役員又はその経営に関与している者を含む）が、暴力団（暴力団員による不当な行為の防止等に関する法律2条2号に規定する暴力団をいう。以下同じ）、暴力団員（同条6号に規定する暴力団員をいう。以下同じ）、暴力団員でなくなった日から五年を経過しない者、又はこれらに準ずる者（以下これらを総称して「暴力団等」という）に該当しないこと、及び暴力団等と関係を有する者でないこと。」を契約の内容とすることに同意しないことが「正当な理由」（拒否事由）とされている（再エネ特措法施行規則4条1項2号ホ、6条4号ロ）。

しかしながら、各電力会社の再エネ契約要綱には、暴力団排除条項が規定されていない。暴力団排除条項の有するコンプライアンス宣言機能や抑止・防止機能の観点から、および、実際に相手方が反社会的勢力となった場合に排除するため（暴力団排除条項の防止機能）には、契約条項として規定することが必要になると考えられる。

モデル契約書第5.1条では、解除事由として、電力会社または特定供給者が上記の反社会的勢力となった場合、相手方当事者は契約を通知により解除することができることとされ、また、損害賠償請求もできることとされている。

さらに、第6.1条では、表明・保証条項として、特定供給者だけでなく、電力会社も、上記の反社会的勢力（総会屋等も

含まれ、省令の「暴力団等」よりも広い)でないことを誓約することが求められ、この表明・保証に違反して相手方が損害を被った場合には、当該相手方は第6.2条により、賠償を求めることができることとされている。

(4) 再エネ特措法に基づく契約要綱の適正化の動き

a 再エネ契約要綱の解説書の公表

平成24年12月に入ってから、各電力会社は、再エネ契約要綱と同じホームページ上のウェブサイトに、同要綱に関する解説書(以下「解説書」という)の公表を始めた。資源エネルギー庁のホームページにおいても、各電力会社の解説書が掲載されているホームページへのリンクが貼られている[17]。

解説書には各電力会社ともに以下のような共通の内容が規定されている。

b 再エネ契約要綱の解説書の内容

① 要綱の変更

各電力会社の再エネ契約要綱においては、「当社は、この要綱を変更することがあります」として、再エネ契約要綱を電力会社の一存で変更できる旨規定しているのが通常である。この場合には、料金その他の受給条件は、変更後の再エネ契約要綱によることになる。

解説書では、電力会社が「この要綱を変更する場合とは、再

---

[17] 「買取制度の法令・契約(特定契約・接続契約)」http://www.enecho.meti.go.jp/saiene/kaitori/legal_keiyaku.html#nav-kaitori-detail

生可能エネルギー特別措置法その他の関係法令等に基づき変更が必要な場合、この要綱の適用対象が変更となる場合、または系統連系の要件等技術的な事項もしくは受給契約に係る手続・運用上の取扱いについて変更が必要な場合に限られます」として、再エネ契約要綱が変更される場合を限定している。さらに、料金の変更は、再エネ特措法3条8項に基づき調達価格が変更された場合や消費税および地方消費税が改正された場合に限られる旨規定している電力会社もある（下記④参照）。

② 契約期間

多くの電力会社では、再エネ契約要綱において、「契約締結日から1年ごとに自動更新」または「初年度の契約期間は契約締結日からその年度の末日までとし、その後は1年ごとに同一条件で自動更新」されるとしている[18]。

解説書では、上記規定にかかわらず、再エネ特措法の定める「調達期間」内は、同法に基づき経済産業大臣が定める「調達価格」を適用することとされている。また、再エネ契約要綱で別途定める場合を除き、「調達期間」内において、電力会社からの意思表示により契約終了の申出をすることはない、としている。

③ 承諾の限界

各電力会社の再エネ契約要綱においては、「法令、電気の需

---

[18] 関西電力の再エネ契約要綱では、「受給開始日から再エネ特措法に定める再エネ発電設備に係る調達期間（以下「適用期間」といいます。）満了の日までといたします。」とされており、再エネ措置法の趣旨に合致した規定となっている。

給状況、用地事情、発電者の債務の支払状況その他によってやむをえない場合には、受給契約の申込みの全部または一部をお断りすることがありえます。」との規定が置かれている。

解説書では、電力会社は、再エネ特措法4条1項に定める「正当な理由」がある場合（特定契約の拒否事由）、同法5条1項各号に該当する場合（接続契約の拒否事由）を除き、顧客の申込みを断ることがない旨規定している。ただし、その他、天災事変や工事用地の取得状況等により、顧客からの申込み内容の全部を承諾することが困難な場合があり、この場合、工事設計内容の変更を含む善後策について、顧客と協議する旨規定されている。

④ 料　　金

各電力会社の再エネ契約要綱においては、「料金は、その1月の受給電力量と料金表に基づき算定した金額といたします。」との規定が置かれている。

解説書では、再エネ特措法3条8項に基づき「調達価格」が改定された場合、その他の関係法令等の変更に伴い「調達価格」が変更された場合や、消費税および地方消費税の税率が変更された場合以外には、「調達期間」中に「調達価格」を変更しない旨規定している。

⑤ 適正契約の保持

各電力会社の再エネ契約要綱においては、「受給契約が電力受給の状態または設備認定の内容に比べて不適当と認められる場合には、すみやかに契約を適正なものに変更していただきます。」との規定が置かれている。

解説書では、「受給契約が電力受給の状態に比べて不適当と認められる場合」について、顧客の再生可能エネルギー発電設備の出力等の内容が、受給契約に定めた内容に反する状態となっている場合に限定されることとしている。この場合には、顧客に、法令上必要な国への設備変更手続を行ってもらい、電力会社との受給契約の内容について、同社と協議のうえ、適正なものに変更してもらう旨規定している。

⑥ 電力受給の停止、制限または中止

各電力会社の再エネ契約要綱では、電力受給契約または接続供給契約に基づき、電気の供給または接続供給を停止する場合には、電力受給を停止することや、電力受給契約または接続供給契約に基づき、電力会社による電気の供給を中止し、または特定供給者に電気の使用を制限し、もしくは中止する場合には、電力受給を制限または中止することがある旨規定している。

解説書では、電力受給契約または接続供給契約により電気の供給または接続供給を停止する場合とは、それらの契約上の債務不履行に基づき、電気の供給または接続供給を停止する場合に限定される旨規定されている。

⑦ 損害賠償等

各電力会社の再エネ契約要綱では、上記⑥のとおり、電力受給を停止した場合には電力会社は特定供給者からの損害賠償が免責されるとされている。

解説書では、再エネ特措法施行規則6条3号ロ・ハおよび同号ニかっこ書きに規定される、電力会社の責めとならない理由

による制限または中止に限り、顧客に補償や賠償を行わない旨規定されている。

⑧ 名義の変更

各電力会社の再エネ契約要綱では、相続その他の原因によって、新たな特定供給者が、それまで電力会社への電気の供給を行っていた特定供給者の当該電力会社に対する電力供給についてのすべての権利義務を受け継ぎ、引き続き電力供給を希望する場合は、名義変更の手続によることができる旨を規定している。これは、相続や合併、会社分割などの包括承継事由がある場合の権利義務の承継について規定するものである。

解説書では、電力会社は、新たな発電者が、顧客（特定供給者）から電力供給についてのすべての権利義務を受け継ぎ、引き続き電力供給を希望する場合において、その旨の申込みをした場合には、再エネ特措法施行規則4条1項2号ニに定める「暴力団等」に該当する場合、および「暴力団等」と関係を有する場合を除き、承諾する旨規定し、再エネ契約要綱で定める以外の権利義務の承諾について定めている。

⑨ 受給契約の解約

各電力会社の再エネ契約要綱では、電力受給の停止、制限または中止（上記⑥）があった場合で、発電者が電力会社の定めた期日までにその理由となった事実を解消しない場合には、受給契約を解約することがある旨定めている。

解説書では、「当社（電力会社）の定めた期日」は、電力会社が顧客に解約の原因となる事実の是正を求めた時点から起算され、その際に是正を求める期間を通知する旨規定している。

c 残された課題とモデル契約書との選択

上記 b のとおり、再エネ契約要綱は、「解説書」という運用・解釈指針により、一応適正化されたといえる。しかしながら、解説書は、再エネ契約要綱の文言を変えずに、運用・解釈においてのみ再エネ特措法の趣旨に反しないよう手当てしたもので応急措置的なものにすぎない。今後は、各電力各社の再エネ契約要綱の見直しを進めていく必要があると考えられる。

また、解説書においては、金融機関のファイナンスのために重要な「売電債権を譲渡することや担保に供することができるか否か」についてはまったく規定していない。再エネ特措法上、売電債権の譲渡について特段禁止規定はなく、また、再エネ契約要綱には債権譲渡禁止特約（民法466条2項）がないので、債権譲渡自由の原則（同条1項）により、特定供給者は売電債権を自由に譲渡したり、担保に供したりすることができると考えられる。しかしながら、伝え聞くところによれば、電力会社のなかには、いまだ売電債権の譲渡に否定的な立場をとるところがあることにかんがみれば、解説書において明確化すべきであったのではないかと思われる。

また、特定契約や接続契約の地位の譲渡は、民法の原則によっても相手方の同意が必要なので、電力会社の同意が前提となる。上記 b⑧（名義の変更）のとおり、各電力会社とも「暴力団等」以外の者への譲渡は認めることとしているので、地位譲渡の点での支障は少ない。しかしながら、金融機関による特定供給者へのファイナンスのためには、担保として、契約上の地位の譲渡予約契約を締結することが望まれる。

この点、モデル契約書第7.2条においては、①相手方の事前の書面による同意がある場合を除いて、権利義務の譲渡が禁止されることを原則として、②金融機関等からの資金調達の担保として、(反社会的勢力を除き) 売電債権を譲渡すること、および、特定契約や接続契約の契約上の地位を譲渡することにあらかじめ同意する旨の規定を置いており、金融機関からのファイナンスに配慮している。

　さらに、モデル契約書には、電力会社の表明・保証条項（同契約書第6.1条）といった、電力会社に対するデューディリジェンスコストを低減するための規定も置いている点でも金融機関によるファイナンスに配慮している。

　これらの規定があることにかんがみれば、各電力会社から「解説書」が公表され運用・解釈が改められた現状においても、また、再エネ契約要綱が将来的に見直されたとしても、モデル契約書をベースとした実務が形成されることが重要であると考えられる。

9 モデル契約書の検討

(1) モデル契約書の立て付け

モデル契約書は、①特定契約と接続契約の相手方が同一の電気事業者（＝一般電気事業者または特定電気事業者）であること、②設備認定を受けた500kW以上の太陽光および風力発電設備を利用すること、③設備認定を受けた発電設備の建設着工前に特定契約および接続契約を締結すること、④発電事業を行うにあたり、金融機関等からの資金調達を実施すること、を念頭に置いたものである。

モデル契約書は、特定供給者を「甲」、電力会社を「乙」としたうえで、解除条項、表明・保証条項、損害賠償条項などにおいて、特定供給者と電力会社について同様の規定を設け、特定供給者を電力会社と対等な立場として規定している点が特徴である。

なお、経済産業省（資源エネルギー庁）は、「本モデル契約書はあくまで特定契約・接続契約に関する１つのモデルを提示しているものであり、本モデル契約書を下敷きにしつつ、法律の規定や趣旨に反しない限り、電源種別や発電設備の規模や個別の事案に応じ、適宜条項の加除修正を行っていただいた上で利用することを妨げるものではありません。」として、モデル契約書を適宜加除修正することを許容している。

(2) 注目すべきモデル契約書の条項

モデル契約書は再エネ特措法の規定を満たすものであり、かつ、特定供給者の立場に立ったものであり、当職らの目からみても推奨できる契約書の雛形である。

以下、上記8で説明した事項以外で注目すべき条項について説明する。

a 再生可能エネルギー電気の調達および供給に関する基本的事項（第1.1条）

同条3項において、「甲が本発電設備において発電した電気のうち、乙に供給する電力……のすべてを調達するものとする。」として、電気事業者には、排他的な調達義務を課しているが、特定供給者には、排他的供給義務がないことを明確にしている（PA45頁24番、46頁37・38番参照）。

同条4項は、調達義務の免責事由として、特定供給者が電気事業者から電気の供給を受けている場合において、特定供給者による電気供給契約等の債務不履行のために、特定供給者に対する電気の供給が停止されている場合を定めている。これは再エネ特措法には定めのないものであるが、当然といえる事項であり、不当とはいえないだろう。

b 受給開始日および受給期間（第1.2条）

同条1項の受給期間は月単位となっているが、これは、賦課金も月単位で徴収されるなど、電気事業者の実務に配慮したものと考えられる。同条2項は試運転について定めているが、再エネ特措法には定めがないので、その受給条件は当事者間の協

議によることとされている。

同条4項は、受給開始日の遅延の原因が、電気事業者の責めに帰すべき事由による場合に損害、損失、費用等を電気事業者が賠償することを求めている。もっとも、特定供給者は一定量の供給義務を負っていないため、逸失利益の損害賠償はできないと考えられる（PA52頁89番）。

c 受給電力量の計量および検針（第1.3条）

電力量計の故障により、計量できない場合に、計量できない間の受給電力量について、当該期間における近隣の天候や過去の実績等をふまえ、当事者間の協議で定めることとしている。パブコメ回答では、これらの事情をふまえ、特定供給者が合理的に算出した受給電力量による旨の規定をしても、著しく不合理な事項には該当しないとされている（PA52頁96番）。

d 料金（第1.4条）

同条1項において、調達価格が変更されないことを原則としつつも、再エネ特措法6条4項の変更認定を受けたことにより発電設備に適用される調達価格が変更された場合には変更後の調達価格によること、同法3条8項の規定により、調達価格が改定された場合は、改定後の調達価格によることとされている。

同条4項において、電気事業者が支払を遅延した場合に遅延損害金を加算する旨定めている。パブコメ回答では、このような規定は、著しく不合理な事項に該当しないとされている（PA52頁97番）。

e 他の電気事業者への電気の供給（第1.5条）

同条1項は、他の電気事業者に電気を供給する場合で、予定供給量と実際の供給量が異なった場合でも、特定供給者は損害賠償義務を負わない旨定めている。これは、電気事業者は、他の電気事業者に電気を供給する場合でも、数量的な供給義務を負わないことを確認的に規定したものと考えられる。ただし、振替補給費用を、特定契約を締結する相手方である電気事業者に支払わなければならない場合もありうる（再エネ特措法施行規則4条1項2号ホ）。

f 系統連系に関する基本事項（第2.1条）

系統連系に関して、法令のほか、監督官庁、業界団体等の規程を遵守することとされているが、このなかには、一般社団法人電力系統利用協議会（ESCJ）の「電力系統利用協議会ルール」も含まれると考えられるので、接続検討における取扱い（上記8(2)b参照）もこれにより遵守されることになる。

g 系統連系のための工事（第2.2条、第2.3条）

第2.2条は、電気事業者による、第2.3条は、特定供給者による系統連系のための工事について規定している。

第2.2条の2項は、発電設備を電気事業者の電力系統に連系するための電力系統の増強その他必要な設備の工事については、特定供給者に追加費用を求めるのは、特定供給者が原因者である場合に限定している。これは、再エネ特措法施行規則6条5号・6号に基づく接続拒否を回避するために必要な費用を特定供給者が負担することを想定したものと考えられる。

第2.3条は簡素な規定となっているが、これは、電気事業

者が工事費を事前に受け取っていることによると考えられる。

h 出力抑制（第3.2条）

モデル契約書は、設備認定を受けた500kW以上の太陽光および風力発電設備を利用することを前提としているが、第3.2条の1項を削除すれば、中小水力発電やバイオマス発電などの他の再生可能エネルギーの契約書にも利用することができると考えられる。

i 本発電設備等の管理・補修等（第4.1条）

本規定は、再エネ特措法上は定められていないが、電力受給契約には通常定められており、電気事業者の実務に配慮して定められたものであると考えられる。責任分界点を管理・保守の基準（1項）とするとともに、所有区分も責任分界点と平仄をとっている（2項）。

j 電力受給上の協力（第4.2条）

発電設備と電気事業者の電気系統との接続がいったん確立された後は、電気事業者は、電力系統増強その他必要な措置に係る費用を特定供給者に求めることができない旨規定している。

これは、パブコメ回答において、いったん接続した後、系統安定化対策が必要となった場合、電気事業者は、自らの費用で行う義務を負い、特定供給者に対してかかる費用の請求を行うことはできない旨の規定は、接続契約において、著しく不合理な事項に該当しないとされていることをふまえた規定と考えられる（PA69頁244番）。

k 解除（第5.1条）

同条3項において、特定供給者は、任意に本契約を解除でき

ることとされている。

　これは、再エネ特措法上、特定供給者が一方的に契約を解除することができることには特段制限がない（PA50～51頁71～78番）ことをふまえたものと考えられる。

　ただし、電気事業者の不利益を考慮し、事前の通知と解除により生じた損害を賠償する旨定めている。

I　表明および保証（第6.1条）

　本条では、1項では電気事業者の、2項では特定供給者の表明・保証条項を定めている。

　特定供給者が金融機関や投資家からファイナンスを受ける場合、デューディリジェンスの実施や、当該取引の根幹となる部分について、力関係にもよるが、電気事業者について表明・保証をすることが求められることが多いことが想定されるが、その前提としてデューディリジェンスコストを低減するため、電気事業者側に表明・保証をさせることは、契約がクローズした後でも、表明・保証違反があった場合には、電気事業者側から特定供給者側に対価の一部が戻るという点でも、特定供給者側にファイナンスする金融機関にとって、有効な手段である。

　特定供給者側の表明・保証は、反社会的勢力でないこと（同条2項4号）以外は電気事業者にとってあまり意味がないが、規定上の公平性から同様の規定がなされていると考えられる。

(3)　モデル契約書の修正

　特定契約と接続契約を締結する電気事業者が異なる場合は、モデル契約書を参考にして両者を分断した契約書を作成する必

要があろう。この場合には、一般条項（表明・保証条項、損害賠償条項、守秘義務条項など）は当然、特定契約書と接続契約書の両者に入れる必要がある。

　金融機関のファイナンスの立場からは、売電債権の譲渡や契約上の地位の譲渡予約に関する規定が設けられたことは評価できる（上記8(3)g）。

　さらなる工夫としては、損害賠償の範囲の明確化として、電気事業者が特定供給者に対してする損害賠償の範囲に「特定供給者が認定発電設備の取得等のために行った資金調達に関し、特定供給者が負担する金融費用」も含まれることを規定することが考えられる。パブコメ回答においても、「発電設備が完成する前であれば、建設費（特定供給者が調達した借入金、出資金）が一定の金利を付して償還されるような金額」も民法416条に規定する損害賠償の範囲に該当するとされているところである（PA52頁88番）。

　特定供給者がSPCである場合には、以下のような責任財産限定特約や倒産申立権の放棄に関する規定を設けることも考えられる。

第○条　（責任財産限定特約、倒産申立権の放棄）
1　乙は、本契約上の自己の債権の満足のために引き当てとなる甲の財産が、甲の有するすべての資産（以下「責任財産」という）のみに限定されることに同意し、責任財産以外の資産について強制執行または保全処分を行わず、かつ、かかる強制執行および保全命令を申し立てる

> 権利をあらかじめ放棄する。
> 2 乙は、本契約に基づく甲に対する請求権のすべてが完済されてから1年と1日を経過するまでの間は、甲に対して破産手続、再生手続、更生手続、特別清算手続その他の適用のある倒産手続(将来において制定されまたは適用されるものを含む)開始の申立てを行わず、第三者をしてこれを行わせない。

(4) モデル契約書による契約を求める方法

特定供給者となる者が、モデル契約書による特定契約・接続契約の締結を電気事業者に対して求める確立した方法はない。もっとも、電気事業者の電力受給契約申込書上の再エネ契約要綱を承諾のうえ、契約の申込みをする旨の記載を削除のうえ、資源エネルギー庁の公表する「再生可能エネルギー電気の調達及び供給並びに接続等に関する契約書」による契約の申込みをする旨を同申込書に手書きで記載したうえでモデル契約書による契約を締結した実例がある。一つの方法として参考になるだろう。

(5) 結 び

再エネ契約要綱の問題点については、再エネ特措法の施行後早い時期から各関係者から指摘されてきたところであり、経済産業省が施行後3カ月経たない早い時期にモデル契約書を公表したことは高く評価できる。

今後は、電気事業者としても、特定供給者から経済産業省のモデル契約書に基づく契約を求められた場合には、これを拒否することは困難になるだろう。

各電力会社も、近い将来に再エネ契約要綱を再エネ特措法の趣旨に沿った方向で修正する模様であると伝え聞いているが、モデル契約書を参考にして、契約内容が適正化されることが強く望まれる。

平成25年4月以降の新年度においては調達価格が平成24年度よりも低くなる可能性があるので、特定供給者としてはそれ以前に接続契約の申込みをしたいという要望がある。そこで、特定供給者としては、再エネ契約要綱の改訂される時期とその内容を見て、モデル契約書に基づき電力会社に対して契約の締結を求めるか、または、改訂後の契約要綱に基づき契約を締結するか判断していくことになるだろう。

10 再生可能エネルギー発電設備を用いた発電の認定

(1) 設備認定について

再生可能エネルギー発電設備を用いて発電しようとする者は、以下のいずれにも適合していることにつき、経済産業大臣(バイオマス発電については農林水産大臣、国土交通大臣、環境大臣への協議が必要)の認定を受けなければならない(再エネ特措法6条1項)。

> ① 調達期間にわたり安定的かつ効率的に再生可能エネルギー電気を発電することが可能であると見込まれるものであることその他の経済産業省令で定める基準に適合すること。
> ② その発電の方法が経済産業省令で定める基準に適合すること。

経済産業大臣は、認定基準に適合していると判断する場合は認可をする(再エネ特措法6条2項)。

経済産業大臣は、第1項の認定をしようとする場合において、当該認定の申請に係る発電がバイオマスを電気に変換するものであるときは、あらかじめ、農林水産大臣、国土交通大臣または環境大臣に協議しなければならない(再エネ特措法6条

3項)。

(2) 各発電ごとの認定基準

再エネ特措法施行規則8条では、電源共通に設ける認定基準のほか、電源ごとに設ける基準も定められる。10kW以上の太陽光発電については、太陽光パネルのモジュール化後のセル実効変換効率が、パネルの種類に応じて、一定の変換効率以上のものであることについて確認できるものであることが求められている。

a 電源共通に設けられる認定基準

① 当該認定の申請に係る再生可能エネルギー発電設備について、調達期間にわたり点検および保守を行うことを可能とする体制が国内に備わっており、かつ、当該設備に関し修理が必要な場合に、当該修理が必要となる事由が生じてから3月以内に修理することが可能である体制が備わっていること（再エネ特措法施行規則8条1項1号）。

② 当該認定の申請に係る再生可能エネルギー発電設備を設置する場所および当該設備の仕様が決定していること（再エネ特措法施行規則8条1項2号）。製品の製造事業者および型式番号等の記載が必要となる。

③ 電気事業者に供給する再生可能エネルギー電気の量を的確に計測できる構造であること（再エネ特措法施行規則8条1項3号）。

④ 当該認定の申請に係る発電が、当該認定の申請に係る再生可能エネルギー発電設備の設置に要する費用の内容および当

該再生可能エネルギー発電設備の運転に要する費用の内容を記録しつつ行われるものであること。当該認定の申請に係る発電が、法の施行の日においてすでに再生可能エネルギー電気の発電を開始していたものである場合には、当該認定の申請に係る再生可能エネルギー発電設備の運転に要する費用の内容を記録しつつ行われるものであること（再エネ特措法施行規則8条2項1号）。

設置にかかった費用（設備費用、土地代、系統への接続費用、メンテナンス費用等）の内訳および当該設備の運転に係る毎年度の費用の内訳を記録し、かつ、それを毎年度1回提出することが必要となる。ただし、住宅用太陽光補助金を受給している場合は不要である。

⑤ 既存の再生可能エネルギー発電設備の発電機その他の重要な部分の変更により当該設備を用いて得られる再生可能エネルギー電気の供給量を増加させる場合は、当該変更により再生可能エネルギー電気の供給量が増加することが確実に見込まれ、かつ、当該増加する部分の供給量を的確に計測できる構造であること（再エネ特措法施行規則8条1項4号）。

b 太陽光発電にのみ適用される認定基準

① **10kW未満、10kW以上共通の基準（パネルの変換効率）**
（再エネ特措法施行規則8条1項5号）

パネルの種類に応じて定める以下の変換効率以上のものであること（フレキシブルタイプ、レンズ、反射鏡を用いるものは除く）。

・シリコン単結晶・シリコン多結晶系　13.5％以上

・シリコン薄膜系　7.0％以上
・化合物系　8.0％以上

② 出力10kW未満の場合にのみ適用される基準（再エネ特措法施行規則8条1項6号）

(i) 10kW未満の太陽光発電設備については、これまでも国による補助金の受給要件として活用されてきた実績をふまえ、JIS基準（JIS C 8990、JIS C 8991、JIS C 8992-1、JIS C 8992-2）またはJIS基準に準じた認証（JET〈一般財団法人電気安全環境研究所〉による認証、またはJET相当の海外の認証機関の認証）を得ていること。

(ii) 10kW未満の太陽光発電設備については、余剰配線（発電された電気を同一需要場所の電力消費に充て、残った電気を電気事業者に供給する配線構造）となっていること。

(iii) ダブル発電の場合（当該太陽光発電設備の設置場所を含む一の需要場所に自家発電設備等とともに設置される場合）は、逆潮防止装置があること。

③ 屋根貸しについてのみ適用される基準（再エネ特措法施行規則8条1項7号）

事業者が複数に、それぞれ10kW未満の太陽光発電設備を設置する場合で、その発電出力の合計が10kW以上となる場合にあっては、(i)全量配線（発電された電気を住宅内の電力消費に充てず、直接電気事業者に供給する配線構造）となっていること、および、(ii)設置場所が住宅の場合は設置場所の居住者その他の使用の権原を有する者の承諾を得ていること。

c 風力発電についてのみ適用される認定基準（再エネ特措法施行規則8条1項8号）

JIS基準（JIS C 1400-2）またはJIS基準に準じた認証（JSWTA〈日本小形風力発電協会〉が策定した規格の認証またはJSWTA認証相当の海外の認証機関の認証）を得ていること。

d 水力発電についてのみ適用される認定基準

① 設備の出力（複数の発電機により発電設備が構成されているときは当該発電機の出力の合計）が3万kW未満であること（証明のための書類として、電気事業法に基づく電気工作物の工事届出を添付すること）（再エネ特措法施行規則8条1項9号）。

② 揚水式発電ではないこと（再エネ特措法施行規則8条2項2号）。

e 地熱発電についてのみ適用される認定基準

特になし。

f バイオマス発電についてのみ適用される認定基準

① バイオマス比率を的確に算定できる体制を担保するとともに毎月1回当該バイオマス比率を算定できる体制を整えること（再エネ特措法施行規則8条2項3号イ）。

② 使用するバイオマス燃料について、既存産業等への著しい影響がないものであること（再エネ特措法施行規則8条2項3号ロ）。

③ 既存産業への影響を判断するため、また、適用する調達区分を判断するため、使用するバイオマス燃料について、その出所を示す書類を添付すること（再エネ特措法施行規則7条2項5号）。

④ 木質バイオマス（リサイクル木材を除く）を燃焼する発電については、グリーン購入法に基づく「間伐材チップの確認のガイドライン」に準じたガイドラインに基づいた証明書を添付すること（平成24年告示）。ガイドラインに準拠していない場合は、建設資材廃棄物とみなされる。

(3) 認定手続

再エネ特措法6条1項の設備認定の申請は、省令の様式第1による申請書（当該認定の申請に係る再生可能エネルギー発電設備が太陽光発電設備であって、その出力が10kW未満のものである場合にあっては、様式第2による申請書）を提出して行う（再エネ特措法施行規則7条1項）。

申請書には、次に掲げる書類を添付しなければならない（再エネ特措法施行規則7条2項）。

---

① 当該認定の申請に係る再生可能エネルギー発電設備が再エネ特措法施行規則8条1項5号、9号、2項3号に定める基準に該当するものであることを示す書類
② 当該認定の申請に係る再生可能エネルギー発電設備について、調達期間にわたり点検および保守を行う者の国内の連絡先ならびに当該点検および保守に係る体制を記載した書類ならびに当該設備に関し修理が必要な場合に、当該修理が必要となる事由が生じてから3月以内に修理することが可能であることを証明する書類
③ 当該認定の申請に係る再生可能エネルギー発電設備の

> 構造図および配線図
>
> ④　その出力が屋根貸しの場合は、あらかじめ、当該設置につき当該太陽光発電設備を設置するそれぞれの設置場所について所有権その他の使用の権原を有する者の承諾を得ていることを証明する書類
>
> ⑤　当該認定の申請に係る再生可能エネルギー発電設備がバイオマス発電設備であるときは、次に掲げる書類
>
> 　イ　当該バイオマス発電設備を用いて行われる発電に係るバイオマス比率（当該発電により得られる電気の量に占めるバイオマスを変換して得られる電気の量の割合〈複数の種類のバイオマスを用いる場合にあっては、当該バイオマスごとの割合〉をいう。以下同じ）の算定の方法を示す書類
>
> 　ロ　当該認定の申請に係る発電に利用されるバイオマスの種類ごとに、それぞれの年間の利用予定数量、予定購入価格および調達先その他当該バイオマスの出所に関する情報を示す書類

　申請書および添付書類の提出部数は、各1通（当該認定の申請に係る再生可能エネルギー発電設備がバイオマス発電設備であるときは、各3通）である（再エネ特措法施行規則7条3項）。経済産業大臣は、上記の添付書類のほか、認定のために必要な書類の提出を求めることができる（同条4項）。

(4) 価格区分の異なる複数の認定設備を併用する場合の取扱い（平成24年告示）

複数の種類の再生可能エネルギーの設備を併設する場合は、それぞれの設備からの電気の供給量が個別に計測できる設備となっており、それが配線図により確認できる場合は、それぞれについて個別に設備認定を行い、適切な調達価格を適用する。合計量しか計測できない場合は、適用する調達価格が低いほうの設備に適用される価格が採用される。

(5) 変更認定・軽微な変更の届出

認定に係る発電の変更をしようとするときは、経済産業大臣の認定を受けなければならない（再エネ特措法6条4項）。

ただし、以下の事由に該当しない軽微な変更に該当する場合は、変更認定を受けることは不要である。この場合に軽微な変更をしたときは、遅滞なく、その旨を経済産業大臣に届け出なければならない（再エネ特措法6条5項、再エネ特措法施行規則10条）。

① 認定発電設備の出力の大幅な変更を伴う場合
② 認定発電設備に係る設備の区分等の変更を伴う場合
③ 10kW未満の太陽光発電設備について、供給の方法を変更する場合
④ 認定発電設備が供給する再生可能エネルギー電気の計量方法の変更をする場合

⑤　認定発電設備がバイオマス発電設備である場合には、当該設備において利用されるバイオマスの種類の変更をする場合

　①太陽光パネルが壊れて、メーカーにより、その修理や補修をする場合、②太陽光発電設備において、パワーコンディショナーを入れ替える場合、③故障や経年劣化等のために発電設備のモジュールの一部を交換的に変更する場合は、いずれも「軽微な変更」として認定は不要であると考えられる。また、交換した太陽光パネルの発電効率が上がる場合も同様に認定は不要であると考えられる（PA30頁47番）。

　なお、認定された発電設備の発電出力を変更する場合、従来は事前に「変更認定申請」手続を行う必要があったが、平成24年8月27日より、一定の範囲内での出力の変更については「軽微変更届出」による手続が可能となった。これにより、すみやかに電力会社との間の契約手続を進めることができる。軽微変更届出により変更できる出力の範囲は、認定された出力の±20％未満の変更、または±10kW未満の変更の場合のみ（発電設備区分の変更がある場合は除く）である。これらを超える出力の変更、または発電設備区分をまたぐ出力の変更については従来どおり変更認定申請により手続を行う必要がある。

(6)　変更認定申請を行った場合における電力会社との契約手続

変更認定申請を要する変更の場合（軽微変更届出の運用変更前

に変更認定申請を行った場合を含む）であっても、変更認定申請手続中であることを証する書類を電力会社に提示することにより、当該変更に係る契約変更手続を一定程度（発電設備を新設する場合は受給契約締結前・工事着手前）まで進めることが可能である。

　変更認定申請手続中であることを証する書類は10kW未満の太陽光発電設備とそれ以外の設備で異なる。10kW未満の施設では、様式第4「10kW未満の太陽光発電設備変更認定申請書」、10kW以上の施設では、様式第3「再生可能エネルギー発電設備変更認定申請書（10kW未満の太陽光発電設備を除く）」を提出する。

　変更認定通知書を受領した後は、すみやかに当該通知書の写しを電力会社に提出する必要がある。

(7) 軽微変更届出を行った場合の電力会社との契約手続

　電力会社との間の契約変更手続を進めるためには、軽微変更届出を行ったことを証する書類を電力会社に提示する必要がある。軽微変更届出を行ったことを証する書類は10kW未満の太陽光発電設備とそれ以外の設備で異なる。

　10kW未満の施設では、「入力支援システムの画面（軽微変更届出を行ったことがわかるもの）」、10kW以上の施設では、「地方経済産業局の受領印が押印された様式第5「再生可能エネルギー発電設備軽微変更届出書」（写）」を電力会社に提示して受給契約の変更を申し込むことになる。

図表1-8 太陽光パネルの出力とパワーコンディショナーの出力

	系列1	系列2	系列3
太陽光パネルの出力	5.0kW	4.5kW	6.0kW
パワーコンディショナーの出力	5.5kW	4.0kW	5.0kW

(出所) 資源エネルギー庁公表資料

(8) 太陽光発電設備の発電出力の考え方について

 太陽光発電設備における発電出力については太陽光パネルの合計出力とパワーコンディショナーの出力のいずれか小さいほうの値を申請することとなっているが、パワーコンディショナーを複数台設置している場合の出力については、各系列における太陽光パネルの合計出力とパワーコンディショナーの出力のいずれか小さいほうの値を、それぞれ合計した値をもって申請することとなる(図表1-8)。

(9) 認定発電設備が譲渡・移設された場合

 上記のとおり、再エネ特措法6条の認定は、申請人ではなく、設備の性質を主眼に置いてなされるものであるから、同一の発電設備について、特定供給者の契約上の地位が譲渡された場合や、所有権が他に譲渡され他の特定供給者の特定契約の対象となった場合(同一の土地・建物にある場合)には、「同一の設備」と観念され、新たな設備認定は不要であり、当初の調達価格・調達期間(の残存期間)が適用されると考えられる。

 再生可能エネルギー発電設備の所有者が移転した場合(再生

可能エネルギーファンドの事業主体であるSPVに関してデフォルトが生じ、発電設備をSPV以外の第三者に譲渡する場合)、新たな所有者が新たに設備認定を得る必要はないと解釈される。

　屋根貸しなどの太陽光発電設備を別の場所で設置する場合であっても、「同一の設備」と認識可能な場合は、新たな認定を受ける必要はないと考えられる。これに対して、「同一の設備」と認識できない場合は新たな認定を受ける必要があると考えられる。

11 電気事業者間の費用負担の調整・賦課金(サーチャージ)

(1) 電気事業者間の費用負担の調整

「費用負担調整機関」は、各電気事業者が供給する電気の量に占める特定契約に基づき調達する再生可能エネルギー電気の量の割合に係る費用負担の不均衡を調整するため、経済産業省令で定める期間ごとに、電気事業者に対して、交付金を交付する(再エネ特措法8条1項)。

「交付金」は、「費用負担調整機関が徴収する納付金」および「政府が講ずる予算上の措置に係る資金」をもって充てる(再エネ特措法8条2項)。

「交付金」の額=特定契約ごとに①から②を控除した額を基礎とする。

---

① 当該電気事業者が特定契約に基づき調達した再生可能エネルギー電気の量に当該特定契約に係る調達価格を乗じて得た額
② 当該電気事業者が特定契約に基づき再生可能エネルギー電気の調達をしなかったとしたならば当該再生可能エネルギー電気の量に相当する量の電気の発電または調達に要することとなる費用の額(回避可能費用)

第1章 再エネ特措法の解説

交付金の原資として各電気事業者には供給電力量に比例した納付金を納付することを求める。この際、供給電力量1kWh当りの納付金については、すべての電気事業者で同一となるよう、経済産業大臣が毎年度定める（再エネ特措法11条、12条）。

(2) 賦課金制度

各電気事業者は、それぞれの需要家から、電気の供給の対価の一部として経済産業大臣が定める全国一律の納付金単価に各使用者の使用電力量を乗じて得た賦課金を請求することができる（再エネ特措法16条）。

賦課金は、調達価格・調達期間により再生可能エネルギー電気の調達を義務づけられる電気事業者にとっては、自らの経営努力では圧縮しがたい費用負担が生ずるので、これを軽減する目的で徴収される。

賦課金は、納付金に充てるために電気の使用者から徴収されるので、納付金単価が実質的に賦課金単価となる。

経済産業大臣は、毎年度、当該年度の開始前に、当該年度においてすべての電気事業者に交付される交付金の見込額の合計額に当該年度における事務費の見込額を加えて得た額を当該年度におけるすべての電気事業者が供給することが見込まれる電気の量の合計量で除して得た電気の1kWh当りの額を基礎とし、前々年度におけるすべての電気事業者に係る交付金の合計額と納付金の合計額との過不足額その他の事情を勘案してkWh当りの賦課金単価（納付金単価）を定める（再エネ特措法12条2項）。

調達価格等算定委員会の試算結果では、平成24年度における賦課金単価は、約0.2円/kWhから約0.4円/kWh程度で、月額の電力料金7,000円の標準的家庭（300kWh/月）で、1月当りのサーチャージ額は、おおむね70～100円程度（既設の設備からの発電量を買い取るか否かでも幅が生じる）との試算がなされていた。

　平成24年度の賦課金単価（納付金単価）は、1kWh当り0.22円（消費税および地方消費税の額に相当する額を含む）とされた（平成24年経済産業省告示第142号）。

(3) 賦課金の減免制度

a 電気使用量がきわめて大きい事業者に対する賦課金の減額

　ある事業者が行っている事業について、電力購入量／売上高（千円）が、製造業の場合は製造業平均の8倍を超える場合、非製造業の場合は非製造業平均の14倍を超える場合、当該事業を行っている事業所であって年間電力購入量が100万kWhを超えるものに対して、サーチャージの80％の軽減措置が講じられる（再エネ特措法17条、同法施行令2条）。

　減免分を補てんするため、毎年度、買取費用に充てるための予算上の措置を講じる（再エネ特措法18条）。

b 東日本大震災により著しい被害を受けた施設等に係る電力使用者に対する減額（再エネ特措法附則9条）

　以下の2つのいずれかの要件を満たす場合には、再エネ特措法の施行以降、平成24年度の間は賦課金を請求しない（同法施行令附則2条）。

・東日本大震災により損害を受けたことにつき、所在地を管轄する市町村長等から証明（罹災証明）を受けた電気の使用者であって、電気事業者に当該損害に係る証明を受けたことを申し出たもの。
・福島原子力発電事故を受けて設定されていた警戒区域、計画的避難区域、緊急時避難準備区域内または原子力災害対策本部が指定する特定避難勧奨地点に所在している電気の使用者（当該地域から避難するなど、現時点では対象区域外に所在する者については、電気事業者への申出が必要）

12 その他

(1) 電気事業法の卸供給規制に係る規制（再エネ特措法7条）

特定契約に基づき一般電気事業者が再生可能エネルギーを買い取る場合、その価格と期間は本法に基づき決定されることになるので、電気事業者が卸供給を受ける際の価格・期間について、事前に経済産業大臣に届け出ることを義務づけている電気事業法22条の卸供給規制を適用除外としている。

(2) RPS法の廃止

再エネ特措法の施行に伴い、RPS法は廃止された（再エネ特措法附則11条）。

RPS法は、平成15年4月に施行された電気事業者に新エネルギー等から発電される電気を毎年度一定割合以上利用することを義務づける法律である。太陽光発電、風力発電、バイオマス発電、中小水力発電（ただし、ダム式、水路式、ダム水路式で出力1,000kW以下）、地熱発電が対象エネルギーであった。

RPS法のもとで電気事業者に再生可能エネルギー電気を供給している既存の設備が不測の損害を被らないようにするため、平成23年度時点において、電気事業者に供給を義務づけている再生可能エネルギー電気のわが国全体の合計量が今後も維持さ

れるよう、従前と同様の義務を電気事業者に課し、発電設備の廃棄等があれば電気事業者に課される義務の量を低減させる（再エネ特措法附則12条）。

(3) 既存設備の取扱い

a RPS認定を撤回した設備

RPS認定を撤回した設備は、再エネ特措法附則12条のRPS法経過措置規定の適用も受けなくなるため、法に基づく設備認定を申請することを可能とされた（ただし、電気事業者とのRPS法に基づく調達契約を当事者間の合意により撤回できることが前提）。

なお、RPS法に基づく設備認定の撤回の申出は、平成24年7月1日以降、申出期限は平成24年9月1日までであった（再エネ特措法施行規則附則10条）。

調達価格＝新規の場合は同一。ただし、補助金（※1）の給付を受けた発電設備については、補助金相当分を除いた価格を適用する。

調達期間＝新設に適用される調達期間－すでに運転をしている期間（※2）

（※1）「新エネルギー等導入加速化支援対策事業」「地域新エネルギー等導入促進事業」「中小水力・地熱発電開発費等補助金」等、買取制度導入に伴い、廃止された補助制度をいう。法施行後も継続している補助金制度については、新規参入者との公平性に配慮する必要がないため、ここで言及している補助金に該当しない。

（※2） RPS認定設備の場合は、設備認定申請時に申請書に記

> 載した運転開始日とする。

b　余剰電力買取制度の対象設備

　平成21年11月より実施している太陽光発電の余剰電力買取制度における対象設備については、再エネ特措法附則6条により、同法に基づく設備認定を受けた発電とみなし、円滑な新制度の移行を図ることとされる。

⑷　見 直 し

　政府は、東日本大震災をふまえてエネルギー政策基本法に基づくエネルギー基本計画が変更された場合には、当該変更後のエネルギー基本計画の内容をふまえ、すみやかに、エネルギー源としての再生可能エネルギー源の利用の促進に関する制度のあり方について検討を加え、その結果に基づいて必要な措置を講ずる（再エネ特措法附則10条1項）。

　政府は、エネルギーの安定的かつ適切な供給の確保を図る観点から、上記の必要な措置を講じた後、エネルギー基本計画が変更されるごと、または少なくとも3年ごとに、当該変更または再生可能エネルギー電気の供給の量の状況およびその見通し、電気の供給に係る料金の額およびその見通しならびにその家計に与える影響、賦課金の負担がその事業を行うにあたり電気を大量に使用する者その他の電気の使用者の経済活動等に与える影響、内外の社会経済情勢の変化等をふまえ、この法律の施行の状況について検討を加え、その結果に基づいて必要な措置を講ずる（再エネ特措法附則10条2項）。

政府は、この法律の施行後平成33年3月31日までの間に、この法律の施行の状況等を勘案し、この法律の抜本的な見直しを行う（再エネ特措法附則10条3項）。

　政府は、この法律の施行の状況等を勘案し、エネルギー対策特別会計の負担とすること、石油石炭税の収入額を充てること等を含め、費用負担調整機関が電気事業者に対し交付金を交付するために必要となる費用の財源（再エネ特措法18条）についてすみやかに検討を加え、その結果に基づいて所要の措置を講ずる（同法附則10条4項）。

　政府は、エネルギーの安定的かつ適切な供給を確保し、および再生可能エネルギー電気の利用に伴う電気の使用者の負担を軽減する観点から、電気の供給に係る体制の整備および料金の設定を含む電気事業に係る制度のあり方についてすみやかに検討を加え、その結果に基づいて所要の措置を講ずる（再エネ特措法附則10条5項）。

第 2 章 再生可能エネルギー源ごとの諸論点

1 太陽光発電

(1) 太陽光発電の現状と課題

現状、わが国の太陽光発電は住宅用が80〜85％程度である。対する欧米における住宅用のシェアは2〜3割程度である（図表2−1）。

図表2−1　太陽光発電の現状と課題

2010年の主要国の導入量と用途別構成比

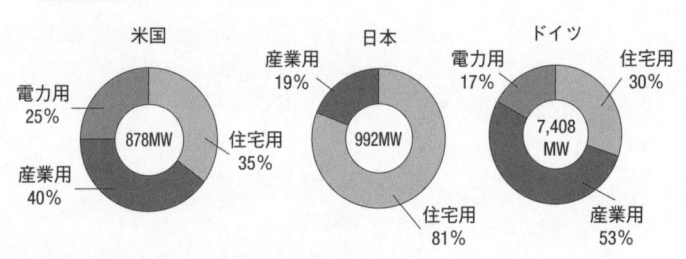

米国 878MW
- 電力用 25%
- 産業用 40%
- 住宅用 35%

日本 992MW
- 産業用 19%
- 住宅用 81%

ドイツ 7,408MW
- 電力用 17%
- 住宅用 30%
- 産業用 53%

国内導入量の見通し（単年）（単位：GW）

年	2015	2020	2025	2030
非住宅用	0.57	1.76	4.93	8.37
住宅用	1.59	2.48	2.02	1.83

2010年までの累積導入量　　　　　　　　　　　　　　（単位：MW）

日本	ドイツ	米国	イタリア	スペイン	その他	全世界
3,619	17,253	2,520	3,502	3,892	6,224	37,010

（出所）　一般社団法人太陽光発電協会（規制・制度改革に関する分科会第二WG資料）「規制・制度改革要望　太陽光発電システム導入拡大にむけて」

将来的には、わが国においても、住宅市場は飽和することから、非住宅分野の潜在需要に期待が高まっている。

　2010（平成22）年までの累積導入量は、ドイツ、スペインに次いで第3位である。ドイツ、スペインが急速に伸びているほか、米国も急拡大中である

　住宅用太陽光については、わが国の導入量は90万戸程度である。2020年代のできるだけ早い時期に1,000万戸の導入を達成するためには、毎年度90万戸程度の導入が必要となる。そのためには、一般の家庭でも比較的導入しやすい「屋根貸し」制度の導入等の工夫が必要となる。

　メガソーラー（大規模太陽光発電所）については、全国に80カ所程度存在している。再エネ特措法の施行以前は、補助金の存在を前提とした、CSR目的のものや実証ものが多く、事業化段階への端境期といわれる。まだまだ、コストが高く40万～50万円/kW台が多い（海外では30万円を切る例もある）。平成24年2月現在、電力会社によるものが、計画・建設中のものを含めて約25カ所ある。1MWクラスから10MW以上のものまでさまざまである。これに対して、平成23年9月現在、電力会社以外のメガソーラーは、計画・建設中のものを含めて約48カ所である。1～2MWクラスが主流である（平成24年3月6日資源エネルギー庁資料「我が国における再生可能エネルギーの現状」[19]）。

　平成24年度においては、4月～10月末までに約115.5万kW（前月比＋24.3万kW）が導入済みである。これは原子力発電1

19　http://www.meti.go.jp/committee/chotatsu_kakaku/001_07_01.pdf

基分に相当する。そのうち、太陽光発電設備が112.6万kW（前月比+24.1万kW）で全体の約97.5％を占めている。太陽光発電設備の内訳は住宅が88.6万kWで非住宅が24.0kWとなっている。平成24年度後半にかけて大規模なメガソーラーが複数運転を開始する予定であり、非住宅太陽光発電設備の伸びも大きくなる見込みである（資源エネルギー庁「再生可能エネルギー発電設備の導入の状況について（平成24年10月末時点）」[20]）。

再生可能エネルギーの認定出力の上位5県は、北海道（48万7,579kW）、鹿児島県（14万629kW）、兵庫県（12万4,865kW）、愛知県（11万108kW）、福岡県（11万96kW）である。

10kW未満の太陽光発電設備の認定件数の上位5都府県は、埼玉県（7,432件〈うち自家発電設備件数は369件〉）、東京都（6,599件〈うち自家発電設備件数は593件〉）、神奈川県（6,245件〈うち自家発電設備件数は444件〉）、大阪府（6,226件〈うち自家発電設備件数は1,262件〉）、千葉県（5,676件〈うち自家発電設備件数は282件〉）である。

10kW以上の太陽光発電の認定出力の上位5道県は、

① 北海道（37万5,809kW〈うちメガソーラーは34万1,086kW〉）、
② 鹿児島県（12万8,071kW〈うちメガソーラーは9万1,389kW〉）、
③ 兵庫県（8万9,698kW〈うちメガソーラーは5万2,972kW〉）、
④ 福岡県（8万4,969kW〈うちメガソーラーは5万3,913kW〉）、
⑤ 大分県（8万0,613kW〈うちメガソーラーは4万4,249kW〉）

である。

---

20 http://www.enecho.meti.go.jp/saiene/kaitori/dl/setsubi/201210setsubi.pdf

図表2-2　ソフトバンクグループのメガソーラー計画

徳島県 （3月5日公表）	徳島県内の徳島空港臨空用地において出力規模約2.8MW、敷地面積33,209㎡、徳島小松島港赤石地区において出力規模約2.8MW、敷地面積35,000㎡のメガソーラー発電所を建設し、平成24年7月1日以降、早期の運転開始を目指す。
群馬県榛東村（3月5日公表）	群馬県北群馬郡榛東村にてメガソーラー発電所建設用地を選定し、メガソーラー発電所建設について榛東村と合意。平成24年4月中にメガソーラー発電所建設の施工を開始し、再生可能エネルギーの全量買取制度が開始される平成24年7月1日にメガソーラー発電所運転開始した。
京都市 （3月5日公表）	京都市で出力規模約2.1MWのメガソーラー発電所を2基（合計：約4.2MW）建設。発電所建設の設計・調達・建設を担うEPCとして参加する京セラグループの京セラソーラーコーポレーションと施工業者の京セラコミュニケーションシステムの協力のもと、京都市と連携して平成24年4月中に施工を開始し、平成24年7月1日に「ソフトバンク京都ソーラーパーク」、同年8月1日に同ソーラーパーク第2基が運転開始した。
栃木県矢板市（3月8日公表）	栃木県矢板市内の矢板南産業団地第1街区において、約2MW規模の発電を行うメガソーラー発電所の建設に向けた協議に入る。今後、発電所建設の設計・調達・建設を担うEPCを選定し、平成24年7月1日以降、早期の運転開始を目指す。
鳥取県米子市（8月29日公表）	三井物産と共同で、鳥取県米子市崎津地区においてメガソーラー「ソフトバンク鳥取米子ソーラーパーク」を設置。鳥取県米子市崎津地区の約53万4,000㎡（約53.4ha）の土地に設置される、最大出力規模が約3万9,500kW（約39.5MW）、年間予想発電量が約3,950万kWhのメガソーラー発電所となる。

北海道白老町（9月7日公表）	北海道白老町におけるメガソーラー発電所事業者の公募案件において、発電事業者に決定した。白老町が所有する石山工業団地内の約5万800㎡（約5.08ha）において、出力規模が約2,700kW（約2.7MW）の発電を行うメガソーラー発電所を建設する。
佐賀県嬉野市（9月12日公表）	佐賀県嬉野市におけるメガソーラー発電所事業者の公募案件において、発電事業者に決定した。嬉野市が所有する約2万5,000㎡（約2.5ha）において、出力規模が約1,600kW（約1.6MW）の発電を行うメガソーラー発電所を建設する。

メガソーラー（1,000kW以上）の認定件数の上位5道府県は、北海道（74件）、福岡県（22件）、栃木県（16件）、大阪府（14件）、千葉県（12件）の順である。秋田県、山形県、東京都、神奈川県、福井県、佐賀県では、平成24年10月末まではメガソーラーの認定はない。

(2) 太陽光発電への異業種の参入状況

平成24年7月の再エネ特措法の施行に伴い、大企業、中小企業を問わず、従来発電事業と縁のなかった異業種による太陽光発電事業への参入が進んでいる。

なかでも注目されるのは、ソフトバンクグループによるメガソーラー計画である。ソフトバンクでは、子会社のSBエナジーにおいて事業を進めている（図表2-2）。

また、NTTも子会社のNTTファシリティーズでメガソーラー計画を進めている。グループの遊休地などを利用して平成26年度までにメガソーラーを約20ヵ所稼働させる。総発電能力は6万kW以上で単独企業としては国内最大規模である。

同社は太陽光発電システムの設計・施工などエンジニアリング事業で国内トップである。まず平成24年夏から25年1月にかけ、千葉県佐倉市や山梨県北杜市など6カ所で発電所を順次稼働させ、合計の発電能力は約1万1,000kWになる。

　さらに平成26年度までに少なくとも合計20カ所程度までふやす計画。総投資額は約150億円を見込む。メガソーラーは夜間などは発電しないが、6万kWの発電能力で一般家庭約2万世帯が消費する電気をまかなうだけの発電量を得られる。NTTの売電収入は年間20数億円となり、投資を6～7年程度で回収できる計算である（平成24年6月13日付日本経済新聞電子版）。

　他方、太陽光発電事業が投資商品のようなかたちで販売される例がふえてきており、消費者問題も懸念される。

　消費者庁は、平成24年10月30日、神奈川県相模原市にある太陽光発電システム販売業者に対し、景品表示法に基づき、措置命令を行った。これは、同社が戸建住宅への投函等により配布したチラシ等において行った住宅用太陽光発電システムを設置することにより得られる利益に係る表示について、同法に違反する行為（有利誤認）が認められたもの。これらの表示は、一般消費者に取引条件が実際よりも著しく有利であると誤認される可能性があるとして、同庁は注意を呼びかけている[21]。

(3) 地方自治体の誘致

各地方自治体による太陽光発電事業の誘致も進んでいる。

21　http://www.caa.go.jp/representation/pdf/121030premiums_2.pdf

山梨県は、平成24年３月14日、甲府市の米倉山造成地に、全国トップクラスの本県の日照時間を活かして、内陸部では最大規模となるメガソーラーを東京電力と共同で設置した。発電所の隣接地には、太陽光や水力、バイオマスなどの再生可能エネルギーのPR施設を併設した[22]。

　長野県は、平成24年６月１日、県営富士見高原産業団地（富士見町）のメガソーラー誘致で、シャープを事業者に選定したと発表した。シャープのメガソーラーは最大出力が約9,200kW、年間発電量は一般家庭約3,000世帯分に当たる約1,059万kWhになる見込みである。賃貸料は年間約4,400万円で、年内に正式契約して年度内に着工する。投資額は約30億円とみられる。内陸部では最大規模の設備になる。約18haの用地を県が20年間貸し付ける。選定にあたって企画提案書の審査対象となった５者のうち、シャープは賃貸料や事業遂行、地域貢献の観点などで評価された。発電所周辺を「信州発ソーラーバレー」（仮称）と位置づけ、諏訪市や茅野市など周辺自治体でも太陽光発電設備の導入を進める。自然エネルギーに関する教育支援活動や県内大学などとの共同研究を目指すことも選定理由となった。今後は富士見町内に事業所を新設し、建設工事や維持管理業務も地元企業に発注、見学施設も設けるという（平成24年６月２日付日本経済新聞電子版）。

22　http://www.pref.yamanashi.jp/chiji/kadai/kg-denki/mega_solar.html

(4) 太陽光パネルメーカーの状況

　日本は、平成11年に生産量世界第1位となり、それ以降世界トップを維持しており、平成19年の生産量も世界の約4分の1（24.6％）を占めていた（平成20年7月24日経済産業省「太陽光発電の現状と今後の政策の方向性」）。しかし、平成22年の日本の生産量は世界の約10分の1（10.5％）に低下した（平成24年3月6日資源エネルギー庁「我が国における再生可能エネルギーの現状」）。さらに、平成23年のソーラーセル世界生産量は29.5ギガワット（以下「GW」）であるのに対して、日本国内の生産量は、1.2GWであり、4％程度まで低下している（Solarbuzz）。

　平成22年の国内の市場シェアはトップのシャープ（36％）、2位の京セラ（25％）、3位パナソニック（三洋電機）（18％）、4位の三菱電機（10％）の4社で約90％を占めているが、5位のサンテックパワー（5％）や新規参入したインリー・グリーンエナジー等中国企業が約3割安の価格で販売をしている。4年前にはほぼゼロであった輸入比率は、平成23年にはすでに2割を超えている。

　国内勢はきめ細かい営業体制と品質を武器に販売増を目指している。パナソニックは、太陽光で発電した電力を蓄えて使うシステム販売に力を入れ、電力不足に対応したい家庭向け需要を取り込もうとしている。平成25年3月期の国内販売量を前期比6割増の45万kWにふやし、国内シェアを15ポイント増の35％と首位を目指している。国内最大手のシャープは平成23年秋、液晶パネルなどの生産部門からメガソーラー建設や保守管

理を手掛ける部署へ約120人を異動させたほか、太陽光の大規模発電システムの人員も増員している。世界全体で平成25年3月期に前期比30％増の140万kWの販売を計画している。京セラは平成25年3月期に太陽電池の世界生産量を前期比3割増の85万kWにふやすことを検討している。

これに対して、中国メーカーは日本製より約3割安い低コストを武器に日本市場を開拓しようとしている。太陽光発電モジュールに関して世界最大手のサンテックパワーは発電事業に乗り出す企業向けなどに販売を強化している。営業部隊を増強したほか、取り扱う太陽光パネルの種類を絞り込み、製造コストが安い多結晶タイプを大量販売している。世界6位のインリー・グリーンエナジーは平成24年4月に日本に参入し、低コストを重視するメガソーラー需要の取込みをねらっている。

4年前はほぼゼロだった輸入品は平成23年にシェア2割を超えた。参入企業がふえることで、平成24年はさらに中国製を中心とした輸入品のシェアが伸びるとみられる。

欧米では中国メーカーによる低価格攻勢によって、一時は世界トップだったドイツのQセルズが平成24年4月に経営破綻した。日本メーカーは再エネ特措法の固定価格買取制度特需に依存するだけでなく、コスト削減や海外での販売拡大など生き残りに向けた中長期の戦略も問われている（平成24年6月2日付日本経済新聞朝刊「太陽電池、日本で市場争奪」）。

太陽光発電協会が平成24年11月15日発表した平成24年7～9月の太陽電池の国内出荷量[23]は前年同期比80％増の62万6,900kW（発電能力ベース）と四半期として過去最高であった。

同年7月に再生可能エネルギーでつくった電気の全量買取制度が始まり、メガソーラー事業への参入が相次いでいることから非住宅用が同6.4倍の17万9,900kWと伸びた。非住宅用は平成24年4～6月期に比べても2.9倍の水準であり、全量買取制度の効果が表れている。住宅用は40％増の44万6,300kWであった。平成24年7～9月の国内生産は42万4,286kWであるが、輸入品は20万2,600kWとなっており、全体の3分の1に迫る勢いである。国内生産および輸入品を合わせた、平成24年4～9月の太陽電池の国内出荷量は77％増の107万2,200kWとなった（平成24年11月15日付日本経済新聞電子版）。

スペインでは買取価格を高く設定しすぎたため、新規参入メーカーがふえて「太陽光バブル」が発生し、安価な輸入製品を使った手抜き工事などが相次ぎ、消費者の利益が損なわれたケースもあった（平成24年6月2日付日本経済新聞電子版）。こうした教訓から、国内外のメーカーが参加する太陽光発電協会は10kW未満の太陽光発電システムを対象とする「太陽光発電システム保守点検ガイドライン【住宅用】」を平成24年8月7日に公表した[24]。これは国内メーカーの海外メーカーへの牽制球とも見てとれる。

(5) 日本卸売電気取引所（分散型・グリーン売電市場）

一般社団法人日本卸電力取引所（平成17年4月から卸電力市場

---

23 http://www.jpea.gr.jp/pdf/qlg_cy.pdf
24 http://www.jpea.gr.jp/pdf/inspection.pdf

を開設しており、一般電気事業者〈地域ごとの電力会社〉、主要な新電力等54社が参加）は、国内で唯一、電力卸売の取引市場を開設し、これまでスポット取引や先渡取引を実施してきたが、分散型・グリーン売電市場を創設し、平成24年6月18日から市場を開設した。

　当該市場を利用することによって、自家発電用発電設備やコジェネ発電等の小口の余剰発電分を売電することが可能であり、具体的には、1,000kW未満の小規模な電力や、売電量が一定でないもの（いわゆる「出なり電気」）も売電することが可能である。

　また、売り手は、送電線に送電（いわゆる「逆潮」）できる余剰電力であれば、だれでも販売可能で、入会金は不要である（当面の間、手数料（約160万円）も不要）。

　さらに、販売価格の設定や、販売量の設定のほか、売りの条件（期間、曜日指定、平日限定、時間指定等）は売り手側が任意で設定することができる。インバランス（事故等による発電不調等）による負担の有無を設定することも可能である。

　卸電力取引所は、取引のマッチング等のあっせんを行い、売り手は、買い手のなかで最も条件のよいものを選択することが可能である。再エネ特措法の施行以前であったが、太陽光発電など、7月に始まる再生可能エネルギーの全量買取制度の対象でも、買取価格より高値で売電できるケースもある[25]と評されていた。

25　平成24年6月12日付日本経済新聞電子版参照。

(6) メガソーラーの運転・保守管理

 太陽光発電は、当該太陽光発電設備を、監視・保守をしないで放っておけば発電量は2割減るといわれている。

 出力1,000kWのメガソーラーの場合、売電による収入は年間約4,000万円になる見込みであるが、発電量が数％低下しただけで年間の損失額が数百万円に及ぶこともある。したがって、発電量の低下をいかに防ぐかが重要となる。追加の費用を払っても、発電量の低下による収入減をそれ以上に抑えられれば、監視・保守サービスを利用するメリットがある（平成24年9月12日付日本経済新聞電子版）。

 監視・保守の手法であるが、当該設備の監視・保守は、当該設備の具体的な状況にもよるが、たとえばメガソーラー規模の太陽光パネルであれば、技術的な要素が強く、かつ監視であれば、長時間の作業であることから、人件費や専門的な技術が必要とされる可能性があることにかんがみ、（とりわけ、新規に参入する業者は）自社の従業員ではなく、外部に委託することが考えられ、今後、専門性を要するこういった施設の監視・保守に特化したビジネスがさらに発展することが予想される。

(7) 太陽光発電事業に必要な許認可等

a 電気事業法
① 電気事業法による規制

 太陽光発電は発電システムであるため、電気事業法による規制を受ける。

この点、一般用電気工作物として太陽光発電設備を設置する者については、原則許認可・届出は不要である[26]。

これに対して、自家用電気工作物として太陽光発電設備を設置する者は、技術基準の適合維持（電気事業法39条）、保安規程の届出（同法42条）、主任技術者の選任（同法43条）、工事計画の届出（同法48条）、使用前自主検査の実施および使用前安全管理検査の受審等の義務が課せられる（図表2－3）。

② 電気工作物の種類（電気事業法38条）

電気事業法上の電気工作物には、「事業用電気工作物」（電気事業用電気工作物と自家用電気工作物がある）および「一般用電気工作物」がある。

「事業用電気工作物」とは、一般用電気工作物以外の電気工作物をいう（電気事業法38条3項）。「自家用電気工作物」とは、「事業用電気工作物」のうち、「電気事業の用に供する電気工作物」以外のものをいう（同条4項）。

「電気事業」とは、①「一般電気事業」（電力会社）、②「卸電気事業」（一般電気事業者にその一般電気事業の用に供するための電気を供給する事業の用に供することを主たる目的とする発電用の電気工作物の出力の合計が、200万kWを超えるもの）、③「特定

---

[26] 再エネ措置法を用いたスキーム（企業が発電して一般電気事業者に売電する目的で供給し、経済産業省令で記載される規模に該当するもの〈電気事業法施行規則3条参照〉）は、「卸供給」（電気事業法2条1項11号・22条）に該当する可能性が高いため、電気事業法3条1項の「電気事業」には該当しないことになり（電気事業法2条1項9号参照）、経済産業大臣の許可は不要であると思料される。以上について、資源エネルギー庁電力・ガス事業部および原子力安全・保安院編『電気事業法の解説2005年版』（経済産業調査会・平成17年）53～54頁参照。

図表2-3 太陽光発電設備と電気事業法の許認可・届出

電気工作物	太陽光発電部分の工事計画	工事計画	使用前検査	使用開始届	主任技術者	保安規程	届出先
一般用	50kW未満（※2）	不要	不要	不要	不要	不要	不要
自家用	50kW未満（※3）	不要	不要	不要	外部委託承認	届出	経済産業省産業保安監督部
自家用	50kW以上1,000kW未満	不要	不要	不要	外部委託承認	届出	経済産業省産業保安監督部
自家用	1,000kW以上2,000kW未満	不要	不要	不要（※1）	選任	届出	経済産業省産業保安監督部
自家用	2,000kW以上	届出	実施	不要（※1）	選任	届出	経済産業省産業保安監督部

※1 出力500kW以上の電気工作物を譲渡、借用する場合には、使用開始届が必要。
※2 低圧連系の50kW未満、もしくは独立型システムの50kW未満が該当する。
※3 高圧受電・連系での50kW未満は自家用電気工作物保安規程については、他の自家用電気工作物がすでに設置されている場合には、保安規程の変更・追加手続が必要。高圧または、特別高圧の変電設備・蓄電設備（4,800Ah・セル以上）を設置する場合には所轄消防署へ、設置届出が必要。
（出所）太陽光発電協会のホームページ参照

電気事業及び特定規模電気事業」（いわゆる新電力）をいう（同法2条9号）。

したがって、これらに該当しない太陽光発電設備は、(ア)「一般用電気工作物」または(ウ)「自家用電気工作物」に該当することになる（図表2－4）。

ア　メガソーラー

　いわゆるメガソーラーは「自家用電気工作物」に該当することになろう（図表2－4(ウ)）。

イ　屋根貸し

　これに対して、いわゆる屋根貸しによる太陽光発電設備については、施設パターンは多様であると想定され、そのため、図表2－4の(ア)～(ウ)のいずれのパターンも想定しうる。例として、低圧で受電する需要設備（一般家屋等。また、受電点〈責任分界点〉は構内にあるものとする）の屋根に発電事業者が50kW未満の太陽電池モジュールを、屋外にパワコン等機器を設置することが想定される。

　屋根貸しについては、需要設備の電気工作物と太陽電池発電設備が電気的に接続されておらず、かつ、点検や事故等の際の

図表2－4　電気工作物の種類

電気工作物	(ア)一般用電気工作物（主に一般住宅や商店などの電気設備であって、低圧受電のものおよび小出力発電設備）（電気事業法38条1項参照）	
	(イ)事業用電気工作物（電気事業法38条3項参照）	電気事業用電気工作物 電気事業の用に供する電気工作物（電力会社が使用する電気工作物）
		(ウ)自家用電気工作物（高圧、特別高圧で受電する電気設備など）（電気事業法38条4項参照）

立ち入りが担保されるなどの措置が講じられているのであれば、原則として電気事業法施行規則附則17条1項2号ハに掲げる「保安上の支障がないことが確保されていること」に該当し、2引き込み（Y字分岐）も認められる。売電を行う際の送電経路によって、パワコン等の機器・太陽電池発電設備の扱いに差異が生じる。

「需要設備の受電のための電線路と太陽電池発電設備の売電のための電線路を同一電線路にて行う場合」、電気事業法38条1項2号に基づき、太陽電池発電設備は「一般用電気工作物」として取り扱われる。この場合、2引き込み（Y字分岐）であるか1引き込みであるかは問わない。

「売電用の電線路を別途設けて送電する場合」は、売電用の電線路に係る一般電気事業者と太陽電池発電設備設置者との責任分界点をどこに設けるかによって、売電用の電線路とそれに接続される太陽電池発電設備の取扱いが区別される。

「責任分界点を構内に設けた場合」、電気事業法38条1項2号に基づき、太陽電池発電設備は「一般用電気工作物」として扱われる。これは、電気工作物が一つの構内に存在する場合、公衆に対する保安上の危険度が比較的低いためである。

「責任分界点を構外に設けた場合」は、他の者がその構内において受電していないため、電気事業法38条1項2号に基づき、「事業用電気工作物」として扱われる。これは、責任分界点が構外に設けられた場合、電気工作物が構外にわたることで公衆に対する保安上の危険度が高くなるためである。

図表2-5　いわゆる屋根貸しの太陽光発電設備

施設パターン		電気工作物の種類	電気技術者の選任
需要設備の受電のための電線路と太陽電池発電設備の売電のための電線路を同一電線路にて行う場合		一般用電気工作物（1引き込みであるか2引き込み〈Y字分岐〉）であるかを問わない）	不要
売電用の電線路を別途設けて送電する場合	責任分界点を構内に設けた場合	一般用電気工作物	不要
	責任分界点を構外に設けた場合	事業用電気工作物	必要

③ 技術基準の適合維持（電気事業法39条）

　図表2-5の事業用電気工作物に該当する施設を設置する者は、事業用電気工作物を主務省令で定める技術基準に適合するように維持しなければならない（電気事業法39条1項）。

　また、上記の主務省令は、次に掲げるところによらなければならない（電気事業法39条2項）。

　なお、経済産業大臣は、技術基準に適合していないと認めるときは、電気事業法40条の規定により技術基準適合命令を発動できる点に留意が必要である。

　さらに、電気事業法39条1項の規定に基づく技術基準は、事業用電気工作物の維持基準であるほか、同法47条、48条、49条、52条の2等による工事計画、使用前検査、使用前自主検査等の規制基準になっている点にも留意されたい[27]。

---

[27] 参考として、資源エネルギー庁電力・ガス事業部および原子力安全・保安院編集『電気事業法の解説2005年版』303頁参照。

> ① 事業用電気工作物は、人体に危害を及ぼし、または物件に損傷を与えないようにすること。
> ② 事業用電気工作物は、他の電気的設備その他の物件の機能に電気的または磁気的な障害を与えないようにすること。
> ③ 事業用電気工作物の損壊により一般電気事業者の電気の供給に著しい支障を及ぼさないようにすること。
> ④ 事業用電気工作物が一般電気事業の用に供される場合にあっては、その事業用電気工作物の損壊によりその一般電気事業に係る電気の供給に著しい支障を生じないようにすること。

④ **工事計画の届出**（電気事業法48条1項、電気事業法施行規則64条1項、別表第2）

　事業用電気工作物の設置・変更の工事で、以下のものをしようとする者（事業用電気工作物が滅失し、もしくは損壊した場合または災害その他非常の場合において、やむをえない一時的な工事としてするものを除く）は、その工事の計画について主務大臣への事前届出をしなければならない（電気事業法48条1項）。

　なお、本項に違反して事業用電気工作物の設置または変更の工事をした場合には、電気事業法120条7号の規定により30万円以下の罰金に処せられる点に留意が必要である。

> 1　出力2,000kW以上の太陽電池の設置

> 2　出力2,000kW以上の太陽電池の取替え
> 3　出力2,000kW以上の太陽電池の改造であって、次に掲げるもの
>   (1)　20％以上の電圧の変更を伴うもの
>   (2)　支持物の強度の変更を伴うもの
> 4　出力2,000kW以上の太陽電池の修理であって、支持物の強度に影響を及ぼすもの

　太陽光発電設備の設置に係る工事計画の届出は、従来、出力500kW以上の設備の設置工事に対して課される規制であったが、電気事業法施行規則の改正により、平成24年6月末より、出力2,000kW以上とする緩和措置がなされた。

⑤　**保安規程の届出（電気事業法42条1項）**

　事業用電気工作物を設置する者は、事業用電気工作物の工事、維持および運用に関する保安を確保するため、保安を一体的に確保することが必要な事業用電気工作物の組織ごとに保安規程を定め[28]、当該組織における事業用電気工作物の使用の開始前に、主務大臣に届け出なければならない。

　もっとも、上記②のとおり、屋根貸しの太陽光発電設備のうち、「需要設備の受電のための電線路と太陽電池発電設備の売電のための電線路を同一電線路にて行う場合」および「売電用の電線路を別途設けて送電する場合で責任分界点を構内に設けた場合」は、一般用電気工作物となるので、電気事業法42条1

---

[28] なお、保安規程で具体的に定めるべき事項については、電気事業法施行規則50条を参照されたい。

項の「事業用電気工作物を設置する者」に該当しなくなるため、保安規程の届出は不要である。

⑥ 電気事業法に係る電気主任技術者選任（兼任）届（電気事業法43条1項）

電気事業法43条1項の選任において、同法施行規則52条1項の規定に従って選任される電気主任技術者は、原則として、事業用電気工作物を設置する者（以下「設置者」という）またはその従業員でなければならない。

もっとも、<u>自家用電気工作物のうち、1,000kW未満のもの</u>については、経済産業大臣から承認を得たうえで、設置者から自家用電気工作物の工事、維持および運用に関する保安の監督に係る業務の委託を受けている者またはその従業員であって、選任する事業場に常時勤務する者から選任することができる（「主任技術者制度の解釈及び運用（内規）」）。平成24年度中に、外部委託ができる場合は、「2,000kW未満の自家用電気工作物」に緩和される模様である。

上記②のとおり、屋根貸しの太陽光発電設備のうち、「需要設備の受電のための電線路と太陽電池発電設備の売電のための電線路を同一電線路にて行う場合」および「売電用の電線路を別途設けて送電する場合で責任分界点を構内に設けた場合」は、一般用電気工作物となるので、電気主任技術者の選任は不要である。

これに対して、メガソーラーや屋根貸しの太陽光発電設備のうち、「売電用の電線路を別途設けて送電する場合で責任分界点を構外に設けた場合」は、自家用電気工作物に該当すると考

えられるので、原則、電気主任技術者の選任が必要となるが、自社従業員や派遣労働者等[29]からの選任のほか、許可選任や外部委託が認められる。したがって、特定供給者（再生可能エネルギー事業者）がSPC（特別目的会社）の場合であっても、従業員たる電気主任技術者を置かず、外部委託によって同条の義務を遵守することが可能である。

なお、電気事業法施行規則52条3項の規定に基づき、自社従業員や派遣労働者等から選任した電気主任技術者を複数事業場で兼任させる場合には、「主任技術者制度の解釈及び運用（内規）」4．(1)の規定により、電気主任技術者の兼任条件は、原則として、①個々の設備における出力が2,000kW未満であること、②兼任事業場は5カ所まで（選任事業場含め計6カ所）であること、③2時間以内に到達できるところにあることが定められている。しかしながら、屋根貸しにより設置される太陽電池発電設備は小規模であり、通常ならば一般用電気工作物となるような安全性が高い設備であるため兼任条件を緩和しても問題ないと考えられる。そこで、屋根貸しにより施設される出力50kW未満の太陽電池発電設備に係る電気主任技術者の兼任の審査については、当分の間、兼任する事業場の数は考慮せず、

---

[29] なお、改正労働者派遣法4条で規定される派遣が禁止される業務（港湾運送業務、建設業務、警備業務その他、その業務の実施の適正を確保するためには労働者派遣事業により派遣労働者に従事させることが適当でないものとして政令で定める業務）には該当しない可能性が高いが、政令26業務に該当するかは明らかではないため、派遣労働者を選任する場合には、受入れ可能期間（派遣法40条の2）等に留意して選任することが望ましい。

兼任する事業場の出力の合計が2,000kW未満までは承認するものとされている。ただし、「兼任させようとする事業場又は設備は、兼任させようとする者が常時勤務する事業場又はその者の住所から2時間以内に到達できるところにあること」は引き続き必要である。

⑦ 使用前安全管理検査（電気事業法50条の2）

太陽光発電設備の設置に係る使用前安全管理検査の実施等は、出力500kW以上の設備の設置工事に対して課される規制であったが、電気事業法施行規則の改正により、平成24年6月末より、出力2,000kW以上とする緩和措置がなされた。

したがって、出力2MW未満のメガソーラーについては、工事計画の届出と使用前安全管理検査が不要となった。

b 工場立地法

従前は、売電目的である太陽光発電設備は、工場立地法において、電気供給業であり、「生産施設」（物品の製造施設・加工修理施設）として取り扱われてきた。太陽光発電設備の敷地面積に対する「生産施設」面積率の上限は75％（平成22年12月までは上限50％）とされてきた。環境施設（周辺の地域の生活環境の保持に寄与するもの＝緑地＋緑地以外の環境施設）については、緑地を含め、敷地の25％以上必要である。

平成24年6月14日に、工場立地法施行規則が改正され、太陽光発電設備は、「環境施設」と取り扱われることになった[30]。これにより、工場立地に100％の太陽光発電設備を敷設するこ

---

30 工場立地法施行規則4条1項2号参照。

とができるようになった。

また、工場立地法施行令の改正により、平成24年6月より、太陽光発電設備については、工場立地法6条1項の都道府県知事への届出が不要となった[31]。

c 建築基準法・消防法

① 太陽光発電設備の法が適用される工作物からの除外について

建築基準法の規制の対象となる工作物から除外される「他の法令の規定により法の規定による規制と同等の規制を受けるものとして国土交通大臣が指定するもの」(建築基準法施行令138条1項)[32]として、「電気事業法第2条第1項第16号の電気工作物である太陽光発電設備」が国土交通大臣により指定されている。

② 土地に自立して設置する太陽光発電設備の取扱い

土地に自立して設置する太陽光発電設備については、①太陽光発電設備自体のメンテナンスを除いて架台下の空間に人が立ち入らないものであって、かつ、②架台下の空間を居住、執務、作業、集会、娯楽、物品の保管または格納その他の屋内的用途に供しないものについては、建築基準法2条1項に規定す

---

31 工場立地法6条1項、工場立地法施行令1条参照。
32 参考:建築基準法施行令
 (工作物の指定)
 第138条 煙突、広告塔、高架水槽、擁壁その他これらに類する工作物で法第88条第1項の規定により政令で指定するものは、次に掲げるもの(鉄道及び軌道の線路敷地内の運転保安に関するものその他他の法令の規定により法及びこれに基づく命令の規定による規制と同等の規制を受けるものとして国土交通大臣が指定するものを除く。)とする。

る「建築物」に該当しないものとされている（平成23年3月25日　国土交通省住宅局建築指導課長「太陽光発電設備等に係る建築基準法の取扱いについて」）。

③　建築物の屋上に設置される太陽光発電設備等の建築設備の高さの算定に係る取扱い

建築物の屋上に設置する太陽光発電設備等の建築設備については、当該建築設備を建築物の高さに算入しても当該建築物が建築基準関係規定に適合する場合は、建築基準法施行令2条1項6号ロに規定する「階段室、昇降機塔、装飾塔、物見塔、屋窓その他これらに類する建築物の屋上部分」以外の建築物の部分として取り扱うこととされている（平成23年3月25日　国土交通省住宅局建築指導課長「太陽光発電設備等に係る建築基準法の取扱いについて」）。

なお、屋上に太陽光パネルを設置する際には、複雑な建築確認の申請手続が必要な建築規制上の「増築」に該当するのか明確ではない。このため、設置時に自治体にそれぞれ確認する必要があった。国土交通省は平成24年度中に「屋内として使わない場合は、建築確認は原則不要とする」といった内容の通知を全国の自治体に出すとのことである（平成24年8月30日付日本経済新聞電子版）。

④　パワーコンディショナーについて

パワーコンディショナーについて建築基準法上の建築確認が必要か問題となるが、パワーコンディショナーのコンテナが積み重ならない限り「建築物」に該当せず、建築確認は不要であるとの通達が発出された（平成24年3月30日　国土交通省住宅局

建築指導課長「パワーコンディショナを収納する専用コンテナに係る建築基準法の取扱いについて（技術的助言）」）。

　消防庁に確認したところ、消防法に係る設置許可申請（消防法第10条第1項）についても、同様の基準（パワーコンディショナーについては、コンテナが積み重ならなければ不要）が適用されるとのことである。

d　都市計画法

　太陽光発電設備（建築基準法上の建築物でないもの）の付属施設について、その用途、規模、配置や発電設備との不可分性等から、主として当該付属施設の建築を目的とした開発行為に当たらないと開発許可権者が判断した際には、都市計画法29条の開発許可は不要である（平成24年6月8日　国土交通省都市局都市計画課開発企画調査室長「太陽光発電設備の付属施設に係る開発許可制度上の取扱いについて（技術的助言）」）。

　この場合、「主として当該付属施設の建築を目的とした開発行為」の判断にあたっては、「開発許可制度運用指針（平成13年5月2日付国総民第9号）」Ⅲ－1－2(4)風力発電機の付属施設を参考にすることになる。

　なお、開発許可は都市計画法4条12項に定める開発行為、すなわち主として建築物の建築の用に供する目的で行う土地の区画形質の変更を行おうとしている場合に許可を要するものであるので、太陽光発電設備およびその付属施設が建築基準法2条1項に定める建築物でない場合（上記c②参照）は許可を要しない。

e 農地法

　農地転用許可制度は、優良農地の確保と計画的土地利用の推進を図るため、農地を農地以外のものとする場合または農地を農地以外のものにするため所有権等の権利設定または移転を行う場合には、農地法上原則として都道府県知事の許可（4haを超える場合〈農業振興地域の整備に関する法律に基づく場合を除く〉は大臣許可〈地方農政局長等〉）が必要（都道府県においては、農地転用許可事務等を市町村に委譲している場合がある）になる。ただし、国、都道府県が転用する場合（学校、社会福祉施設、病院、庁舎または宿舎の用に供するために転用する場合を除く）等は許可不要となる（図表2－6）。

　農地には優良なものは農用地区域内農地、甲種農地、第1種農地とある。これらは農地転用について原則不許可である。ただし、第2種農地と第3種農地は条件によって農地転用が可能となる（図表2－6）。

　耕作放棄地は現在39.6万haあるが、このうち約30万haは農地に復元して活用する予定である。残りの耕作放棄地と、これ以外にすでに荒地になっている約8万haの合計約17万haを再エネに活用可能だと考えられる。17万haあれば、年間580億kWhの発電ポテンシャルがあると試算されている[33]。

　平成24年通常国会（第180回国会）に内閣から「農山漁村における再生可能エネルギー電気の発電の促進に関する法律案（閣

33　ソーラージャーナル「第1回　農林水産省に聞く！「使っていない農地でソーラー発電してもいいの？」」(http://www.solarjournal.jp/5712/nousuishou/)

図表2-6　農地転用許可制度

農地法	許可が必要な場合	許可申請者	許可権者	許可不要の場合
第4条	自分の農地を転用する場合	転用を行う者（農地所有者）	都道府県知事　農地が4haを超える場合には農林水産大臣（地域整備法に基づく場合を除く）	国、都道府県が転用する場合（学校、社会福祉施設、病院、庁舎または宿舎の用に供するために転用する場合を除く）市町村が道路、河川等土地収用法対象事業の用に供するために転用する場合（学校、社会福祉施設、病院、市役所、特別区の区役所または町村役場の用に供するために転用する場合を除く）等
第5条	事業者等が農地を買って転用する場合	売主（農地所有者）と買主（転）		

（出所）　農林水産省のホームページより

法第36号）」が提出された。同法案は、同通常国会および第181回国会（臨時国会）においても審議がなされていない。平成24年10月29日に衆議院の農林水産委員会に付託された。

　同法案においては、再エネ発電設備を整備しようとする個々の事業者は、農林水産省令・環境省令で定めるところにより、当該整備に関する計画（「設備整備計画」）を作成し、国の基本方針に基づいて基本計画を作成した市町村の認定を申請することができる（同法案7条1項）。設備整備計画が認定を受けた場

図表2-7 農地区分および許可方針（立地基準）

区分	営農条件、市街地化の状況	許可の方針
農用地区域内農地	市町村が定める農業振興地域整備計画において農用地区域とされた区域内の農地	原則不許可（農振法〈「農業振興地域の整備に関する法律」〉10条3項の農用地利用計画において指定された用途の場合等に許可）
甲種農地	第1種農地の条件を満たす農地であって、市街化調整区域内の土地改良事業等の対象となった農地（8年以内）等特に良好な営農条件を備えている農地	原則不許可（土地収用法26条の告示に係る事業の場合等に許可）
第1種農地	10ha以上の規模の一団の農地、土地改良事業等の対象となった農地等良好な営農条件を備えている農地	原則不許可（土地収用法対象事業の用に供する場合等に許可）
第2種農地	鉄道の駅が500m以内にある等市街化が見込まれる農地または生産性の低い小集団の農地	周辺の他の土地に立地することができない場合等は許可
第3種農地	鉄道の駅が300m以内にある等の市街地の区域または市街地化の傾向が著しい区域にある農地	原則許可

（出所）農林水産省のホームページより

合、農地法や森林法、漁港漁場整備法等に基づく諸手続について、個々の法律ごとに申請を行う必要がなく、許可があったものとみなす、または届出を要しないこととみなす、いわゆる行

政手続の「ワンストップ化」が可能となる(同法案 9 条～15 条)。

設備整備計画には以下の事項を記載しなければならない(同法案 7 条 2 項)。

○**設備整備計画に記載する事項**
① 整備しようとする再エネ発電設備の種類及び規模その他の当該再エネ発電設備の整備の内容並びに当該整備を行う期間
② ①の再エネ発電設備の整備と併せて行う農業関連施設の整備その他の農林漁業の健全な発展に資する取組の内容
③ ①の再エネ発電設備又は②の農業関連施設の用に供する土地の所在、地番、地目及び面積又は水域の範囲
④ ①の整備及び②の取組を実施するために必要な資金の額及びその調達方法
⑤ その他農林水産省令・環境省令で定める事項

---

(8) 太陽光発電へのファイナンス

a 基本的なファイナンススキーム

メガソーラーである太陽光発電の基本的なファイナンススキーム(プロジェクトファイナンスではなく、コーポレートファイナンスを前提とする)としては、図表 2-8 のとおり、事業者が子会社として SPC(株式会社または合同会社がありうる)を設

図表２−８　太陽光発電のファイナンススキーム

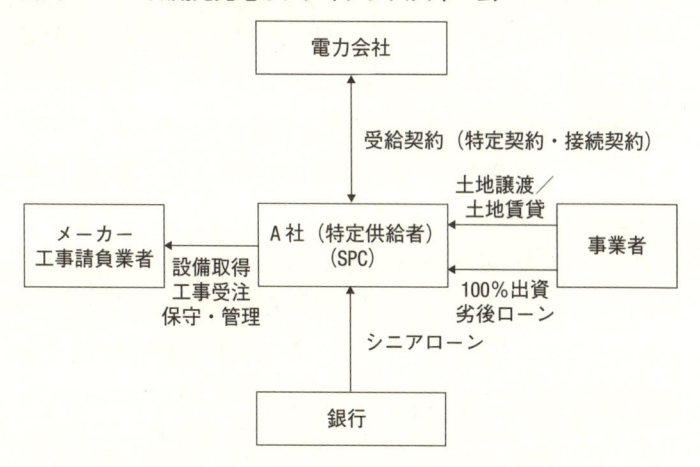

```
                        ┌──────────┐
                        │  電力会社  │
                        └──────────┘
                              ↕
                   受給契約（特定契約・接続契約）
                                      土地譲渡／
                                      土地賃貸
┌──────────┐          ┌──────────┐          ┌──────┐
│ メーカー   │          │ A社（特定供給者）│          │事業者│
│工事請負業者│←────────│    （SPC）     │←────────│      │
└──────────┘ 設備取得  └──────────┘ 100％出資 └──────┘
             工事受注         ↕       劣後ローン
             保守・管理    シニアローン
                              ↓
                         ┌──────┐
                         │  銀行  │
                         └──────┘
```

立したうえで、土地をSPCに譲渡または賃貸し、銀行からシニアローンを、事業者が劣後ローンをすることが考えられる。

b　関連諸契約

上記 a のファイナンススキームにおいては、以下の契約を締結することが想定される。

①　電力受給契約

電力会社と特定供給者であるSPCの間で締結される再エネ特措法上の特定契約（再エネ特措法4条1項）および接続契約（同法5条1項）に相当するものである。電力会社の作成した再エネ契約要綱によるほか、特定供給者の側から、経済産業省の公表したモデル契約書に基づく特定契約書および接続契約書による契約を求めることが考えられる。

② 土地売買契約・土地賃貸借契約・地上権

 事業者と特定供給者であるSPCとの間で締結される。契約期間は、当該賃貸借が、建物所有目的ではないので借地借家法の適用を受けないことをかんがみ[34]、調達期間（電気の供給開始からカウントされる）と、電気の調達期間までの設備の建設期間等を考慮し、決定する必要があるが、事業者と特定供給者間の契約では、親子会社であるため、紛争に発展するような（法的な）問題が生じる可能性は低いであろう。

 特定供給者が土地を所有せずに、第三者の土地を利用して太陽光発電設備を敷設する場合、その土地の利用権限が問題となる。

 通常は賃貸借契約によることが想定されるが、この場合、太陽光発電設備については借地借家法（同法では借地権の存続期間は30年間で契約により伸長できる〈同法3条〉）の適用はないので、賃貸借契約の存続期間は20年間を超えることができない（民法604条1項）[35]。再エネ特措法に基づく、平成24年度の10kW以上の太陽光発電の調達期間は20年間であるが、電力会社との間で調達期間経過後も5年間程度、契約を存続させることも想定されるが、土地の利用権限が賃貸借契約による場合は、同契約の更新をしなければならなくなる（民法604条2項参照）。

---

[34] したがって、民法が適用されて上限は20年となる。
[35] 法務省法制審議会の民法（債権関係）改正部会の検討においては、民法604条は合理性がないものとして削除されることが検討されている（民法〈債権関係〉の改正に関する論点の検討〈17〉第1.2参照）。

これに対して、民法上の物権の一つである地上権（民法265条以下）は、その存続期間を設定行為により柔軟に設定でき、登記も可能である。

　また、地上権には抵当権を設定することもできるので、特定供給者にファイナンスをする金融機関としては賃借権よりも地上権を設定することを求めてくる場合もある。

③　開発関連契約（EPC契約）[36]

　工事請負業者であるメーカー（EPC[37]）との間で、「造成・工事請負契約」「太陽光モジュール供給契約」「パワーコンディショナー供給契約」といった契約（以下、これらを「EPC契約」と総称する）を締結することが考えられる。

　建設に係る太陽光発電設備に求められる技術基準は、「電気設備に関する技術基準を定める省令」（以下「技術基準省令」という）に規定されており、その解釈は原子力安全・保安院電力安全課が制定した「電気設備の技術基準の解釈」（以下「技術基準解釈」という）[38]に示されている。

　太陽電池モジュールの絶縁耐力（技術基準省令5条2項関連）については、①最大使用電圧の1.5倍の直流電圧または1倍の交流電圧（500V未満となる場合は、500V）を充電部分と大地との間に連続して10分間加えて絶縁耐力を試験したとき、これに

36　以下の記述は永口学・石部可奈「太陽光発電設備事業の全容―特定契約・接続契約に関するモデル契約書の公開等を踏まえての留意点―」（金融法務事情1958号〈2012年11月25日号〉34頁以下）を参考にしている。

37　設計（Engineering）、調達（Procurement）、建設（Construction）の頭文字をとった名称。

38　http://www.meti.go.jp/policy/tsutatsutou/tuuti1/aa566.pdf

耐えること、②小出力発電設備である太陽電池発電設備の太陽電池モジュールであって、日本工業規格JIS C 8918（1998）「結晶系太陽電池モジュール」の「6.1電気的性能」（JIS C 8918（2005）にて追補）または日本工業規格JIS C 8939（1995）「アモルファス太陽電池モジュール」の「6.1電気的性能」（JIS C 8939（2005）にて追補）に適合し、かつ、技術基準省令58条の規定に準ずるものであること、が求められる。

「太陽電池モジュール等の施設」については、技術基準解釈50条1項において、太陽電池発電所に施設する太陽電池モジュール、電線および開閉器その他の器具は、次のとおり施設することが求められる。

① 充電部分が露出しないように施設すること。
② 太陽電池モジュールに接続する負荷側の電路（複数の太陽電池モジュールを施設した場合にあっては、その集合体に接続する負荷側の電路）には、その接続点に近接して開閉器その他これに類する器具（負荷電流を開閉できるものに限る）を施設すること。
③ 太陽電池モジュールを並列に接続する電路には、その電路に短絡を生じた場合に電路を保護する過電流遮断器その他の器具を施設すること。ただし、当該電路が短絡電流に耐えるものである場合は、この限りでない。
④ 電線は、次により施設すること。ただし、機械器具の構造上その内部に安全に施設できる場合は、この限りでない。

> イ　電線は、直径1.6mmの軟銅線又はこれと同等以上の強さ及び太さのものであること。(省令第6条関連)
> ロ　屋内に施設する場合にあっては、合成樹脂管工事、金属管工事、可とう電線管工事又はケーブル工事により、第177条、第178条、第180条又は第187条並びに第188条第2項、第189条第2項及び第3項の規定に準じて施設すること。
> ハ　屋側又は屋外に施設する場合にあっては、合成樹脂管工事、金属管工事、可とう電線管工事又はケーブル工事により、第177条、第178条、第180条又は第211条第1項第七号並びに第188条第2項、第189条第2項及び第3項の規定に準じて施設すること。
> ⑤　太陽電池モジュール及び開閉器その他の器具に電線を接続する場合は、ねじ止めその他の方法により、堅ろうに、かつ、電気的に完全に接続するとともに、接続点に張力が加わらないようにすること。

　太陽電池モジュールの支持物は、日本工業規格JIS C 8955（平成16年）「太陽電池アレイ用支持物設計標準」に示す強度を有するものであることが求められる（技術基準解釈50条2項、技術基準省令4条関連）。

　具体的な施工過程については、NEDO（独立行政法人新エネルギー・産業技術総合開発機構）の「大規模太陽光発電システム導入の手引書」（平成23年3月　稚内サイト・北杜サイト）[39]が参考になる。NEDOは、上記手引書のほか、メガソーラー建設を

支援する「検討支援ツール」を公表している[40]。

太陽光発電は、売電収入が唯一の収入であるが、太陽光発電設備に瑕疵がないことが前提となる。そこで、EPC契約においては、EPC業者の瑕疵担保責任が重要となる。民法の原則に従えば、太陽光発電設備の引渡しから、5年間瑕疵担保責任を負う（民法638条1項）が、民間（旧四会）連合協定工事請負契約約款・契約書によれば、引渡しから、2年間に瑕疵担保責任は限定される。太陽電池モジュールの性能を保証する損害保険や天候デリバティブや地震デリバティブを導入することも検討すべきであろう（下記c参照）。

④ **運営・保守契約（O&M契約）**

発電事業者は、発電事業の日常的な運営・保守のノウハウを有しているわけではない。この場合には、事業所有者は当該ノウハウを有する第三者（受託者）との間で事業の運営・保守の委託に関するO&M契約（Operation&Maintenance Agreement：運営・保守契約）を締結する。

なお、実務上のポイントとしては、㈦パネルの製造、㈶パネルの設置、㈹運営を別の事業主体が行う場合には、仮に想定していた出力が出ない場合に、製品の瑕疵か、設置の瑕疵か、運営の瑕疵かのいずれかが原因であることが想定されるが、その場合責任の所在を明確にするには、時間およびコストを要するため、可能であれば、㈦～㈹までを一つの事業主体に行わせることによって、責任の所在を簡潔かつ明確に明らかにするよう

---

39 http://www.nedo.go.jp/content/100162609.pdf
40 http://www.nedo.go.jp/library/mega-solar.html

な手法も検討すべきである。

　また、仮に、(ア)〜(ウ)を別の事業主体に委ねる場合には、上記の時間およびコスト（さらに、紛争に発展した場合に司法判断を経るコスト）を削減するため、O&M契約（および、パネルの購入契約、設置契約）に、エンジニアリングコンサルタントを決めておいて、当該エンジニアリングコンサルタントの判断に従う旨の条項を入れることによって、関連当事者を契約で拘束し、上記のリスクをヘッジするということが次善の策として考えられよう。

⑤　保険契約・補償契約

　太陽光発電関連の保険・補償については下記c参照。

⑥　融資契約

　銀行と特定供給者であるSPCの間の「シニアローン契約」、事業者と特定供給者であるSPCの間の「劣後ローン契約」、銀行と事業者の間の「債権者間契約」が考えられる。

⑦　担保契約

　銀行と特定供給者および事業者との間には以下の担保契約を締結することが考えられる（下記d参照）。

- 土地への抵当権設定契約（特定供給者が土地を所有している場合）
- 発電設備への動産譲渡担保または工場財団抵当
- 保険契約への質権設定契約
- 預金口座への質権設定契約
- 売電債権への譲渡担保権設定契約

- 電力受給契約（特定契約・接続契約）における契約上の地位への担保権の設定
- 事業者が特定供給者であるSPCに対して有する株式・持分への質権の設定

⑧ リース契約

事業会社が太陽光パネルやパワーコンディショナーを所有しない場合（購入しない）にはリース契約等によって外部から調達する必要があり、この場合には、リース契約を締結する必要がある。

⑨ スポンサーサポート

レンダー（ローンを出す銀行団等）は、特定供給者の親会社等のスポンサーに対して、以下のような保証をするレターを徴求することが考えられうる。

1　スポンサー完工保証[41]
　スポンサーは、本件融資契約から生じるいっさいの債務を保証する。
2　スポンサー完工保証の解除
　以下(1)から(6)の条件がすべて充足された場合には第1項記載の完工サポートは解除される。

---

[41] なお、スポンサー完工保証契約の法的な位置づけは、スポンサーである親会社が子会社（SPC）が健全に事業運営をすることをレンダーに約束する契約および、民法上の保証契約（被担保債権は当該プロジェクトから生じるレンダーからボロワーに対する債権いっさい）というかたちになろう。

(1) EPC契約において規定される本件発電設備の引渡しが完了していること。
(2) 本件発電設備による商業運転が開始されていること。
(3) プロジェクト運営に必要な許認可（届出、登録その他これらに類似する公的機関から取得すべきまたは手続すべきもの、電気事業者による再生可能エネルギー電気の調達に関する特別措置法に基づく本件発電設備に係る設備認定を含むがこれらに限らない）・同意等がすべて取得（手続の履践を含む）されて、変更されることなく維持されており、変更または取消しの事由がないこと。
(4) 担保関連契約（担保関連契約の締結・当該担保の第三者対抗要件の具備を含むがこれらに限らない）が完了していること。
(5) 本件発電設備に係る保険が付保されていること。
(6) 期限の利益喪失事由または潜在的期限の利益喪失事由が発生していないこと。

3 スポンサーサポート

スポンサーは、以下の事由が生じた場合には、生じた所要資金を追加出資等により拠出、または、本件融資契約を解除し残存債務を一括返済する。

(1) 発電量の不足や、メンテナンス費用の増加等の事由により、DSCRが1.1を下回った場合。

　なお、DSCRは以下の算式により計算する。

　DSCR＝（約定返済額＋支払利息）／新設子会社の元金返済前キャッシュフロー

> (2) 賃貸借契約の解消等により事業用地の継続使用が困難となる事象が生じた場合。
> (3) その他事業が継続しがたい事由が発生したとレンダーが判断する場合。
>
> **4 コベナンツ**
> (1) 借入人の本件以外の事業をレンダーの承諾なくして行わせないこと。
> (2) 減資等をレンダーの承諾なくして行わないこと。
> (3) 借入人にプロジェクト関連契約を遵守させること。
> (4) 借入人を監督すること。
>
> **5 表明保証**
> （借入人に対する株式の保有、許認可の取得、上記4記載事項の遵守等）

c 太陽光発電関連の保険・補償

再エネ特措法の施行に向けて、損害保険会社各社は太陽光発電向け補償商品を打ち出してきている。

三井住友海上火災保険が平成24年6月20日に公表した「メガソーラー総合補償プラン」[42]が太陽光発電関係の保険契約等の理解に資する（図表2-9）。①火災、落雷、破裂・爆発、風災・雹災・雪災等その他偶然な事故によりメガソーラーに生じた物的損害や火災等の事故によりメガソーラーに物的損壊が生じた際の喪失利益や収益減少防止費用については、企業財産包

---

42 http://www.ms-ins.com/news/fy2012/news_0620_1b.html

図表2-9 三井住友海上火災保険が平成24年6月20日に公表した「メガソーラー総合補償プラン」

	リスク	補償する内容	保険・デリバティブ商品
[1]	財物損害（火災等）	火災、落雷、破裂・爆発、風災・雹災・雪災等の他、その他偶然な事故によりメガソーラーに生じた物的損害	プロパティ・マスター（企業財産包括保険）
[2]	財物損害（地震等）	地震または噴火による火災、損壊・埋没等、破裂・爆発、水災（津波等）の損害	プロパティ・マスター（企業財産包括保険）地震危険補償特約
[3]	財物損壊等による利益損失	火災等の事故によりメガソーラーに物的損壊が生じた際の喪失利益や収益減少防止費用	プロパティ・マスター（企業財産包括保険）
[4]	第三者への損害賠償	メガソーラーの所有、使用、管理に起因して他人に身体障害や財物損壊を与えた場合に、法律上の損害賠償責任を負担することによって被る損害	施設所有（管理）者賠償責任保険
[5]	日照時間不足	予め契約に定めた期間内に、予め契約で定められた観測地点において、累計日照時間が免責数値を下回った場合	天候デリバティブ
[6]	地震（除く津波・噴火）	予め契約に定めた期間内に、予め契約で定められた地点において、予め取決めた震度の地震が発生した場合	地震デリバティブ

（出所）三井住友海上火災保険のホームページより

括保険が、②地震または噴火による火災、損壊・埋没等、破裂・爆発、水災（津波等）による物的損害については、地震危険補償特約（①とセット）が、③メガソーラーの所有、使用、管理に起因して他人に身体障害や財物損壊を与えた場合に、法律上の損害賠償責任を負担することによって被る損害については施設所有（管理）者賠償責任保険が、④あらかじめ契約に定めた期間内に、あらかじめ契約で定められた観測地点において、累計日照時間が免責数値を下回った場合は天候デリバティブが、⑤あらかじめ契約に定めた期間内に、あらかじめ契約で定められた地点において、あらかじめ取り決めた震度の地震が発生した場合は地震デリバティブが適用できる。

同様に、NKSJホールディングス傘下の損害保険ジャパンが平成24年10月から、太陽光発電事業で事故があった場合の売電利益の損失分を補償する保険商品を販売している。落雷や火災などによる設備の破損を補償する従来の火災保険の特約として販売し、復旧までに発電ができなかった分の利益を保険金として支払う。これは一種の天候デリバティブである。

メガソーラーなどを導入する企業のリスクにダイレクトに応えるものとしては、ミュンヘン再保険が提供している太陽電池の性能補償をする保険がある[43]。これは、経年により想定以上の性能劣化が発生し、大幅に出力低下が起こった場合に補償する（おそらく修理交換する）保険である。

金融機関としては、これらの保険や補償に担保が設定できる

---

43 http://www.munichre.co.jp/public/PDF/Press_j_2011_Solar_Frontier.pdf

か検討することになる。

d 担保権の設定

① 考えられる担保権

　金融機関がファイナンス（融資）をするにあたっては、特定供給者およびその親会社から可能な限り担保権を徴求することが肝要である。太陽光発電の場合には、①親会社が所有する特定供給者の100％株式（株式会社の場合）・持分（合同会社の場合）への質権・譲渡担保権の設定、②特定供給者の所有する土地・建物への抵当権の設定、③売電債権（将来債権）への譲渡担保権の設定、④発電設備への担保権の設定、⑤保険契約への質権の設定、⑥特定供給者の預金口座（入金口座）への質権（キャッシュフローの把握）の設定、⑦電力受給契約（特定契約・接続契約）における契約上の地位への担保権の設定などが考えられる。

② 親会社が所有する特定供給者の株式・持分への質権・譲渡担保権設定

　レンダーとしては、親会社[44]（株式会社）について、破産手続または民事再生手続が開始した場合[45]でも、質権・譲渡担保

---

[44] なお、「親会社」とはある会社の議決権総数の過半数を有する等、当該株式会社の経営を支配している法人として法務省令で定められる他の会社等（株式会社、持分会社のほか、外国会社、組合その他これらに準ずる事業体を含む）をいう（会社法2条4号、会社法施行規則3条2項・3項。間接所有を含む［会社法施行規則3条3項1号］）。

[45] なお、すでにこれらの担保権の実行の手続が開始されている場合、破産手続の開始によってもその手続は中止しない（破産法42条参照）。また、破産手続の開始によっても物上代位権の行使（民法304条）も妨げられないとするのが判例である（動産売買先取特権に基づく物上代位につき、最判昭和59年2月22日民集38巻3号431頁）。

権の対象である特定供給者の100％の株式・持分を倒産手続外で別除権として実行して[46]、他の会社に譲渡することにより、倒産隔離を図ることができる。

これに対して、親会社について会社更生手続が開始した場合は、特定供給者の株式・持分は更生担保権となり[47]、更生手続外で実行できないという限界がある点に、担保取得の際には留意が必要である。

③ 発電設備への担保権の設定

太陽光発電設備への担保権の設定としては、集合動産譲渡担保権の設定と工場財団抵当権の設定が考えられる（図表2-10）。集合動産譲渡担保は、「動産及び債権の譲渡の対抗要件に関する民法の特例等に関する法律」に基づき、動産譲渡登記をすることにより第三者対抗要件を具備することができる。これに対して、工場財団抵当は、工場の土地・建物に備え付けた機械・器具その他工場の用に供する物について目録を作成し、これを一つの財団として抵当権を設定するものである（工場抵当法3条）。

筆者らが、東京法務局に照会したところ、太陽光発電設備に対して、集合動産譲渡担保、工場財団抵当のいずれを設定することも可能であるとのことである。太陽光発電設備については、実際に、「〈種類〉太陽光発電設備一式、〈所在〉住居表示番号、〈動産区分〉集合動産」という表示で登記された例があ

---

46 破産法2条9項・10項、65条1項、民事再生法53条1項・2項参照。
47 会社更生法2条10項参照。

図表2-10 担保権の設定方法と長所・短所

	担保設定の可否	長所	短所
集合動産譲渡担保権	土地・建物に附合せず、取り外しが可能な動産の場合は設定可能。 ＊法務局に実際に登記された例あり。 〈種類〉 太陽光発電設備一式 〈所在〉 住居表示番号 〈動産区分〉 集合動産	－土地上にある太陽光発電設備について、「太陽光発電設備一式」というように、抽象的な登記表示で足りる。 －譲渡担保設定後に設置された太陽光パネルにも力が及ぶ[48]。	－動産であることが前提であるので、土地や建物から分離が不可能な太陽光発電設備は対象とできない。 －太陽光パネルの入替えが想定されておらず、あまり使うメリットがない。 －土地から分離された場合、第三者に即時取得をされるおそれがある。
工場財団抵当	発電設備が「工場」（営業のため物品の製造・加工または印刷・撮影の目的に使用する場所）（工場抵当法1条1項）に該当すれば可能。 ＊東京法務局への確認によれば設定可能であるとのこと。	－太陽光パネルが土地・建物の定着物に該当する場合にも適用あり。 －抵当権設定後に備え付けられた供用物にも抵当権の効力が及ぶ。	－不動産の一部への設定不可（屋根貸し等） －目録の正確性が必要。 －土地と一緒でないとダメ。処分性が劣る。 －土地・建物から取り外されても追及力がある。ただし、第三者に即時取得されるおそれがある[49]。

るようである。

　集合動産譲渡担保は、動産であることが前提なので、土地や

建物から分離が不可能な太陽光発電設備は対象とすることができない。これに対して、工場財団抵当は、太陽光発電設備が土地・建物の定着物である場合にも適用がある半面、土地・建物と一緒でなければ処分できない。

　工場抵当法に基づく工場財団を組織し登記する際に、賃貸借を工場財団に含めるためには、賃借権が登記されていることが必要とされる。建物の屋根に太陽光パネルを設置する場合、現在屋根の賃借権については登記ができない（不動産登記令20条4号および登記実務において、不動産の一部への登記申請を認めていない）ので、現在の実務では工場財団抵当を設定できないという問題がある。経済産業省は再エネ特措法の施行の状況をみつつ、必要な措置について検討するとしている（PA35頁113番、114番）。

④　預金口座への質権の設定

　銀行としては、特定供給者が破綻した場合の確実な担保の手段としては、電力会社からの売電料金が入金される特定供給者の入金口座に質権などの担保権を設定することが考えられる（図表2-11）。入金口座自体も、当該銀行において開設してもらうか、より確実な担保とするためには、電力会社からの売電料金を銀行の別段預金に入金してもらうことも考えられる。

48　設定後、集合物の構成要素となった個々の動産については、あらためて対抗要件を具備しなくても、集合物の対抗要件具備の効力が当然に及ぶ（最判昭和62年11月10日民集41巻8号1559頁）。

49　道垣内弘人著『担保物権法・第3版』（有斐閣・平成17年）337〜339頁参照。

図表2-11 キャッシュフロー管理システム

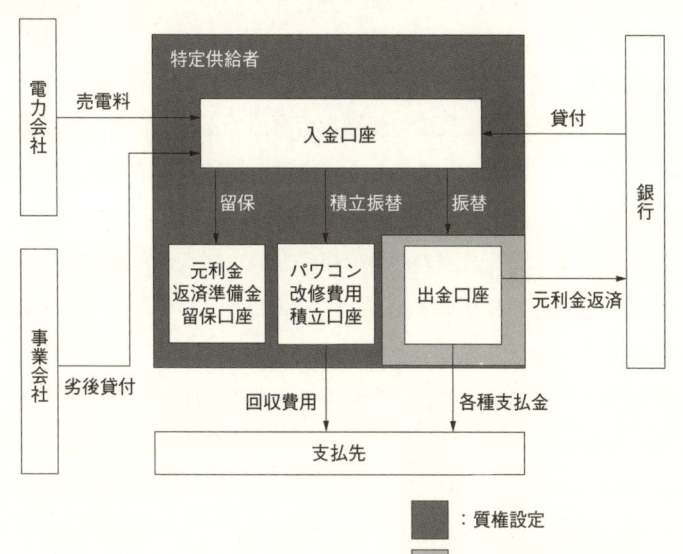

```
電力会社 ──売電料──→ [特定供給者
                      入金口座] ←──貸付── 銀行
                       │留保  │積立振替  │振替
                       ↓      ↓          ↓
                    [元利金  [パワコン   [出金口座] ──元利金返済──→
                    返済準備金 改修費用    
                    留保口座] 積立口座]
事業会社 ──劣後貸付──→      │回収費用    │各種支払金
                              ↓           ↓
                              支払先
```

■：質権設定
□：平時は質権設定せず

⑤ 売電債権への担保権の設定

再エネ特措法上、売電債権の譲渡について特段禁止規定はなく、また、現状の各電力会社の再エネ契約要綱には債権譲渡禁止特約(民法466条2項)規定がないので、債権譲渡自由の原則(同条1項)により、特定供給者は売電債権を自由に譲渡できたり、担保に供したりすることができるとも考えられる。しかしながら、伝え聞くところによれば、電力会社は現在のところ、売電債権の譲渡に否定的な立場をとる場合がいまだ多数存在するようである。

これに対して、特定契約や接続契約の地位の譲渡は、民法の

原則によっても相手方の同意が必要なので[50]、電力会社の同意が前提となる。

この点、経済産業省（資源エネルギー庁）としては、上記のような規定が、特定契約の締結拒否事由である「正常な商慣習又は社会通念に照らして著しく不合理と認められる場合」には該当せず、かえって、「債権譲渡や特定供給者たる地位の譲渡については、資金調達のための担保という観点から重要な事項であると考えております。」（PA52頁93番）としており、金融機関のファイナンスの便宜を重要視していることが注目される。最終的に法的義務が存在するか等の法解釈の問題は司法判断を経る必要があるが、行政庁である経済産業省の行政指導として位置づけられるPAがかかる立場であり、司法判断を経る場合にも、当該行政庁の考え方が立法者意図の一つの現れと評価される可能性は否定できないことからすると、特定契約の拒否事由に該当せず、特定供給者が売電債権の譲渡や特定契約や接続契約の地位譲渡の予約を求めた場合には、電気事業者はこれを承諾する法的義務を負うと評価される可能性がある。

経済産業省のモデル契約書第7.2条においては、①相手方の事前の書面による同意がある場合を除いて、権利義務の譲渡が禁止されることを原則として、②特定供給者（甲）が自らの資金調達先に対する担保として、「本契約等に定める甲の乙に対する権利を譲渡すること又は本契約等に基づく地位の譲渡予約契約を締結すること及びこれらの担保権の実行により、本契

---

50 川井健著『民法概論3債権総論・第2版補訂版』（有斐閣・平成18年）280頁参照。

約等に基づく甲の乙に対する権利又は甲の地位が担保権者又はその他の第三者（当該第三者〈法人である場合にあっては、その役員又はその経営に関与している者を含む〉が、反社会的勢力に該当する者である場合を除く）に移転することについて、乙は予め同意するものとする。」と規定している。すなわち、金融機関等からのファイナンスの担保として、売電債権を担保すること、および、特定契約や接続契約の契約上の地位を譲渡することにあらかじめ同意する旨の規定を置いている。

電力会社は、経済産業省のモデル契約書に基づく契約の締結を事実上拒めないと考えられるので、銀行としては、売電債権を担保の対象とするためには、特定供給者に対して、仮にモデル契約書を使用しない前提であったのであれば、モデル契約書により電力会社に対して契約を締結することを求めていくことを助言すべきであろう。

e 想定されるファイナンススキーム

① 最近の市場構造

最近の市場構造をみると、図表2－12のように、メガソーラーではない中小規模の案件で、土地・屋根を第三者に貸し、当該第三者が売電を行うサードパーティ型が今後の有望市場ではないかと考えられる。

② 倒産隔離のためのスキーム（図表2－13）

X社（事業会社）の子会社として、合同会社（A社）を設立する。X社が所有するA社の100％持分に質権または譲渡担保を設定するとともに、A社の所有する土地に抵当権を、太陽光発電設備に集合動産譲渡担保を、預金口座（入金口座）に質権

図表2−12 最近の市場構造（中・小規模のサードパーティ市場が
　　　　　ホワイトスペースとなっている）

発電事業者のタイプ

案件の規模	自社保有型 土地／屋根保有者が自ら発電設備を保有し、売電を行う	サードパーティ型 土地／屋根を第三者に貸し、当該第三者が売電を行う
大規模 （メガソーラー）	自社の遊休地等に設置。主流は1〜2MWであり、2MW超の案件数は少ない （2MW以上は特別高圧となり系統連係費用が高額化するため、IRRが低下する傾向にある）	現状の主要市場。しかし条件の良い優良案件は数に限りがある （土地オーナーは、土地の提供を行い土地賃料収入を得る） 【主要事業者】 ・ソフトバンク ・国際航業グループ ・三井物産　など
中・小規模	自社工場、自社ビル等に設置	現状の案件数は限定的であるが、今後増加が見込まれる （屋根オーナーは、屋根の提供を行い屋根賃料収入を得る。現状は屋根オーナーが変わった場合のリスクが懸念される傾向にある） 【主要事業者】 ・オリックス ・ソフトバンク　など

（出所）　野村総合研究所（各種公開情報を参考に作成）

をそれぞれ設定する。

　X社について破産手続・民事再生手続が開始した場合は別除権となる質権または譲渡担保を実行して第三者にA社の100％持分を譲渡させることで倒産隔離をする。これに対して、X社について会社更生手続が開始した場合、A社持分は更生担保権

図表2-13 倒産隔離のためのスキーム

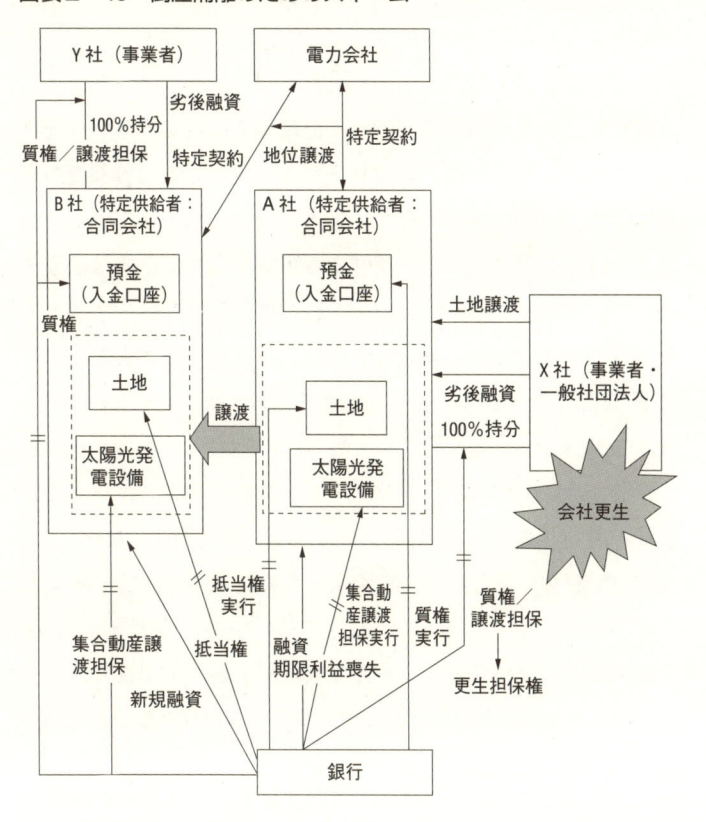

となるので更生手続外での質権または譲渡担保の実行はできない。この場合は、A社の土地・太陽光発電設備に設定された担保権を実行し、B社に移転するとともに、特定契約における特定供給者の地位をB社に承継させる（地位譲渡予約に基づく譲渡）[51]ことにより、倒産隔離を図る。なお、A社は合同会社なので、会社更生手続の対象とならない。

さらなる倒産隔離のためには、X社を一般社団法人とすることが考えられる。

③　**ファンドストラクチャー**（図表2−14）

　東京都は、平成24年6月28日、発電事業に投資する官民連携ファンドを立ち上げると正式発表した。投資対象は首都圏の火力発電所や全国の再生可能エネルギーなどを想定している。発電所向けの投資ファンドを運営する事業者には、みずほ証券系のIDIインフラストラクチャーズと、独立系のスパークス・アセット・マネジメントの2社を選び、都は両社の運営ファンドに各15億円を出資する（平成24年6月28日付日本経済新聞電子版）。

　投資ファンドのストラクチャーとしては、投資ファンド運営会社が特定供給者となるSPC（合同会社・株式会社）を設立し、当該SPCが営業者となり、投資家からの匿名組合出資を募るというストラクチャー（いわゆるTK-GKスキーム）が考えられる。

　匿名組合出資持分は、金融商品取引法上の「集団投資スキーム」として第二項有価証券に該当する（金融商品取引法2条2

51　なお、地位譲渡を受けた場合に、再エネ特措法6条1項の設備認定の再度の取得を要するかについてが論点となりうるが、当職らが調べた限りでは、明確な文献等は公刊されていないとの認識ではあるが、私見では①6条1項の許可が、発電事業者ではなく発電設備の性質によって許可されるかが決せられるところ、地位が譲渡されても、当該発電設備の性質に通常変化はないこと、②届出を要する同条5号および同法施行規則10条記載事項に地位の譲渡が規定されていないことから、不要と思料される。

　ただし、地位の譲渡ではなく発電設備の譲渡により特定供給者が変更された場合には、軽微な変更に該当し、再度の認定は必要となる（PA30頁56番）。

図表2-14 ファンドストラクチャー

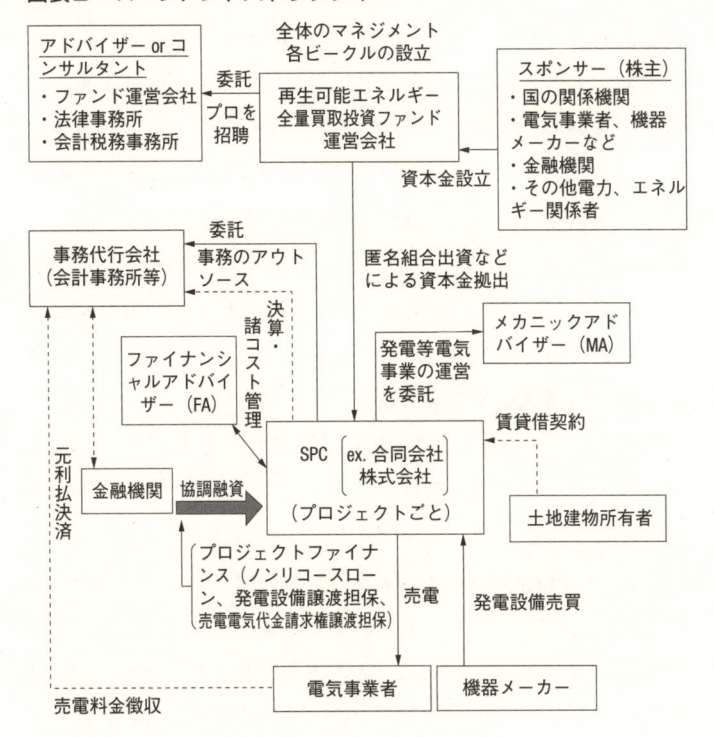

項5号）ので、営業者となるSPCが、「募集又は私募」（自己募集）（同法2条8項7号ヘ）を行う場合には、原則として、第二種金融商品取引業の登録を行わなければならない（同法28条2項2号、29条）。また、SPCが出資・拠出を受けた財産の自己運用（同法2条8項14号）を行う場合には、原則として、投資運用業登録を行わなければならない（同法28条2項1号、29条）。

ただし、1人以上の適格機関投資家かつ49人以下の一般投資家を相手とする私募については、上記の自己募集・自己運用に

関する登録義務は課せられず、適格機関投資家等特例業務の届出が義務づけられている（金融商品取引法63条の２）。

なお、太陽光発電設備を設置するために不動産を取得または賃借を受ける行為が、不動産特定共同事業法上の「不動産取引」（同法２条２項）に該当し、上記のようなTK-GKスキームが不動産特定共同事業契約（同条３項）に該当しうるとする見解もあるようである。

この点について、国土交通省不動産市場整備課の担当官に確認したところ、投資家（匿名組合員等）からの投資された資金を不動産の購入金や賃料に充てるのであれば、「不動産取引」（不動産特定共同事業法２条４項）に該当しうるとのことであった。もっとも、不動産の取得資金をTK-GKスキームの枠外による場合、たとえば、営業者の親会社（事業会社や一般社団法人）からの出資や借入金を原資とするのであれば、「不動産取引」に該当しないと考えられる。

また、同担当官によれば、「不動産特定共同事業」は、「不動産取引から生ずる……利益の分配を行う行為」（不動産特定共同事業法２条４項１号）なので、最終的に不動産を処分した場合の不動産の処分代金を投資家（匿名組合員）に分配しないのであれば、不動産特定共同事業法の適用はないとのことである。不動産の賃貸の場合は、利益の配分は考えられないので基本的に、「不動産特定共同事業」には該当しないと考えられる。

④ **地方自治体や地方銀行が中核となるスキーム**（図表２−15）

このスキームの特徴は、地方自治体[52]や地方金融機関が、売電SPCに対して、地方債を発行したり、貸付を行うときに、地

図表2−15 地方自治体や地方銀行が中核となるスキーム

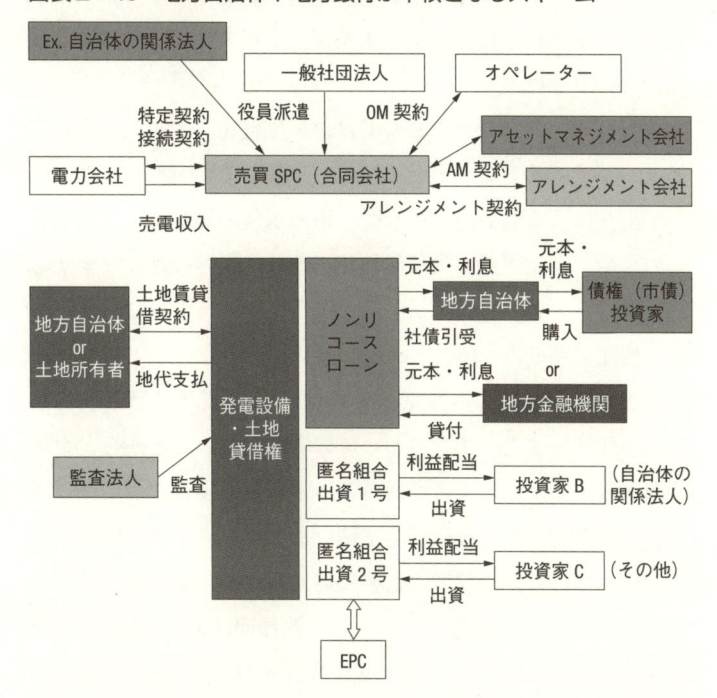

方自治体およびその他の投資家によるエクイティ出資（匿名組合出資）により太陽光発電所を建設し、売電収入による各関連当事者への利益還元を行うことである。

売電SPCは発電設備ごとに設立してもよいが、地方自治体や地方金融機関が当該地域における太陽光発電に適した土地を保

---

52 なお、地方自治体と契約を締結する場合には地方自治法等の規制がかかる点に留意が必要である。たとえば、地方自治体との契約を締結する場合には、競争入札が原則であり、随意契約で契約締結が可能であるのは、法令で認められた場合のみである点に留意が必要である（地方自治法234条2項、地方自治法施行令167条の2第1項）。

有する地権者から土地を複数の箇所から賃貸借して[53]、複数の太陽光発電設備を保有して、事業規模を拡大して、リスク分散を行うことも可能である。

地方自治体のメリットとしては、再生可能エネルギー導入の促進、地域経済産業活性化の推進（による雇用の創出）、エクイティ出資による利益配当の享受、事業用地の提供による賃貸収入の享受、上記便益の地域活性化・地域住民への還元などが考えられる。

⑤ 信託スキーム（図表2－16）

中小の再生可能エネルギー事業者（特定供給者）は財務的な基盤が弱く、また、事業についての実績もないことから、金融機関からのファイナンスを得ることが困難な場合が多い。このような事業者は自己資金で発電施設などを設立するしかない。

このような特定供給者の需要に応えるため、図表2－16のような信託スキームが考えられる。一般社団法人が100％持分を有するSPC（合同会社）に、複数の特定供給者から売電債権（将来債権）を譲渡させる。SPCは銀行から融資を受け、売電債

---

[53] なお、地方自治体から土地を賃借する（または使用許可を受ける）場合には、地方自治法238条の5第4項（貸付の場合には地方自治法238条の4第5項）で地方自治体側からの任意解約が認められるので留意が必要である。この場合には、条文上「補償」を請求することが可能であるが、かかる補償によって事業全体が生み出したはずの収益がまかなわれることは想定しがたいため（参考となる判例として最判昭和51年9月6日）、この点に関しては、事前に地方自治体と協議し、可能であれば、契約書に地方自治法238条の5第4項で途中解約した場合の、違約金について記載しておくことが望ましい。

補償の額に関しては、地方自治問題研究会編著『新版・地方自治問題解決事例集3財務編』（ぎょうせい・平成20年）314～317頁参照。

図表2−16 信託スキーム

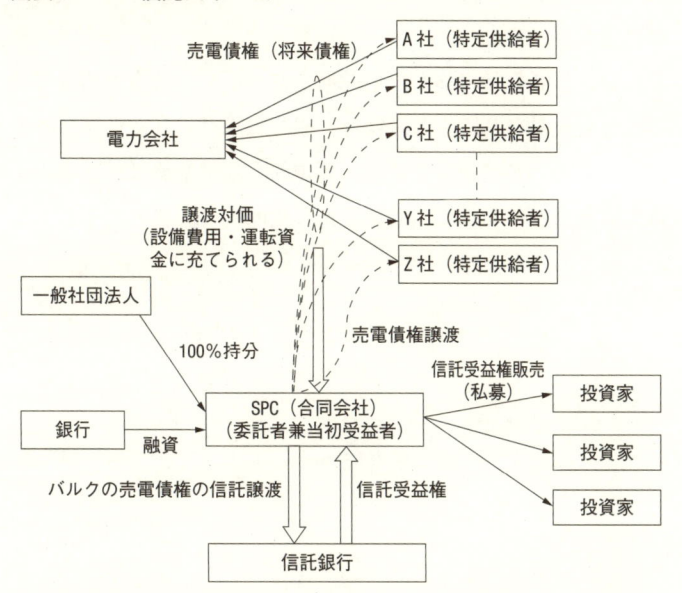

```
売電債権（将来債権）　A社（特定供給者）
                    　B社（特定供給者）
電力会社　　　　　　　C社（特定供給者）
                    　Y社（特定供給者）
                    　Z社（特定供給者）

譲渡対価
（設備費用・運転資
金に充てられる）         売電債権譲渡

一般社団法人
        100%持分                          信託受益権販売
                                         （私募）    投資家
銀行    融資  SPC（合同会社）                         投資家
              （委託者兼当初受益者）                  投資家

バルクの売電債権の信託譲渡    信託受益権

信託銀行
```

権の対価を支払い、各特定供給者はその資金を認定発電設備の設置費用や運転資金に充てる。SPCは各特定供給者の売電債権を束ねて、信託銀行に信託譲渡し、発行された信託受益権を投資家に販売する。金融機関としても、個々の特定供給者の信用状態を判断しなくてよくなるので、融資をしやすくなる。

日本経済新聞[54]によれば、政府は、太陽光発電・風力発電の売電収入を投資信託の組入資産に加える法整備を行うとのことである。風力発電などは資金調達が難題だった。投信の仕組みを使えば機動的に設備費用などのための資金を集められる。運

---

54 「太陽光・風力で投資信託創設へ　売電収入を配当に」（平成24年6月20日付日本経済新聞電子版）

用や販売で法律に沿った規制がかかり、投資家にとって安全性が高まる。

　なお、信託銀行自体が、信託勘定において、特定供給者となることも検討される。この場合、銀行に課せられた他業の禁止（銀行法12条）が問題となるが、具体的な運営業務は外部委託するということになれば、信託業務の範囲内の業務と考えることも可能であろう。

2 風力発電

(1) 風力発電の現状と課題[55]

　世界における2011（平成23）年の風力発電累積導入量は、2億3,835万kW（国内電力会社の全発電設備容量の約1.2倍）である。2011年単年で、日本の風力発電累積導入量の約16.5倍を導入したことになる。世界の風力発電の累計導入量は、2005年以

図表2－17　風力発電の立地要件

1　風況が良い 　　年間平均風速が一定水準以上
2　土地利用が可能 　　風力発電機設備（組立、離隔）に十分なスペース 　　土地利用規制（農地、森林、公園等）のクリア 　　賃貸借契約
3　送電線が近い 　　連系可能な容量をもつ送電線が近傍に
4　輸送道路がある 　　重量物、長尺物の運搬可能な道路・港湾が利用可能
5　地域環境への影響が小さい 　　自然環境：鳥類等生態系への影響、景観への影響等 　　社会環境：騒音問題（住宅からの距離）
6　地元の協力が得られる 　　行政、住民のサポート

（出所）　一般社団法人日本風力発電協会「日本の風力発電の現状と課題」

55　一般社団法人日本風力発電協会「風力発電の課題と規制・制度改革要望について」http://www.cao.go.jp/sasshin/kisei-seido/meeting/2012/green/121108/item1-1-1.pdf

降、前年比約30％の増加率を記録している。

世界の風力発電累積導入量は、2007年まではドイツが世界第1位であったが、2008～09年は米国が世界第1位（グリーン・ニューディール）となり、2010年以降は中国が世界第1位（第11次5カ年計画の推進）である。風力発電累積導入量は、1位の中国は、6,273万kW（世界合計の約26.3％）であり、日本は、世界第13位（世界合計の約1.0％）にすぎない。

風力発電施設の立地に際しては、風況、土地面積、土地利用規制、送電線との距離、輸送道路の有無、地域環境への影響度の検討や、地元協力等を得ることが必要であるが、日本においてはこれらの点において問題が多い（図表2－17）。

(2) 日本の風力発電事業者の現状[56]

日本の風力発電事業者は、再エネ特措法が施行された平成23年度以前は、赤字が続いていた。これには下記のような要因があるといわれている。

- ・事業計画の甘さ。
- ・法定耐用年数（17年間）風車を計画どおり運転させるという意識の希薄。
- ・風況が必ずしもよくない場所であったり、風車間を異様に詰めた発電所も目立つ。
- ・騒音など、住民からの激しい反対運動。

---

[56] 斉藤純夫「風力発電事業が赤字だらけの理由」（WEDGE平成24年2月号）参照。

> ・「プロジェクトファイナンス」についても現在、多くの銀行が風力発電事業の失敗事例をみてネガティブになっている。

　業界最大手のユーラスエナジーホールディングスが平成21年、島根県出雲市に建設した日本最大でもある新出雲風力発電所（7.8万kW）では、風車の羽根が支柱に接触するなど重大事故が起きるなどし、いまだ本格的な稼働に至っていない。

　独立系の日本風力開発は、親会社が風車メーカー等の販売代理店の役割を担い、風力発電事業は発電所ごとに設置した子会社が行う。親会社は、ゼネコンに風車設備をあっせんしてメーカーから手数料を受け取る。ゼネコンはその設備を発電所に納めるが、販売先の多くは、日本風力開発の子会社である。子会社の売電での売上げは採算ラインには遠く及んでいない。

(3) 風力発電に関する法律上の規制

a 建築基準法

　建築基準法においては、「高さが15メートルを超える鉄筋コンクリート造の柱、鉄柱、木柱その他これらに類するもの」に該当する場合は、建築基準法の一部の規定が準用される（建築基準法施行令138条1項2号）。

　すなわち、高さが15mを超える風力発電設備の場合、①建築基準関係規定に適合するものであることにつき、確認の申請をし、建築主事の確認を受け、確認済証の交付を受けなければならず（建築基準法6条1項）、②工事を完了したときは、建築主

事の検査を申請しなければならない（同法7条1項）といった規制を受ける。

さらに、平成19年6月に施行された改正法により、風力発電設備の高さが60mを超える場合、上記の制約に加え、別途構造耐力について、構造方法が、国土交通大臣が定める基準に従った構造計算により安全性が確かめられたものとして国土交通大臣の認定を受ける義務が課せられている（同法20条1項、同法施行令140条）。

これは、人里離れた場所に設置する風力発電タワーに対しても超高層ビルと同等の耐震設計・構造計算を求められることとなり、設置コストの高騰につながっている。

b 道 路 法

風力発電所を建設する際に道路を占有する場合は、管理者の許可を得る必要がある（道路法32条）。

c 電 波 法

風力発電設備の風車は、電波法上の「工作物」に該当する。風力発電所建設地が電波障害防止区域に指定されており、風車の最高部が31mを超える場合には総務大臣へ届出を行う必要がある（電波法102条の3）。

d 航 空 法

風車のブレード先端が地表または水面から60m以上の高さの場合は、原則として航空障害灯および昼間障害標識（赤白の塗色で7等分）を設置しなければならない（航空法51条）。

e 消 防 法

風力発電所を建設する際の建材は、使用する場所により難燃

性や不燃性が定められている。蓄電池は、その規模により許認可が必要である。

f 騒音規制法
都道府県知事が定めた騒音規制地域において、時間および区域の区分ごとに必要な程度の騒音規制基準が定められている。

g 森 林 法
地域森林計画の対象となっている民有林、公有林内において風力発電所を建設する際、国、地方公共団体が行う場合を除き、開発面積が1haを超える場合には、当該都道府県知事に対して許認可申請を行う必要がある。

h 自然環境保全法
原生自然環境保全地域、自然環境保全地域、環境緑地保全地域開発規制地域内において風力発電所建設のため開発を行う場合には、都道府県知事に対して許認可の申請を行う必要がある。

i 漁 業 法
洋上風力発電事業（特に着床式）の実施にあたっては、漁業法上の漁業権が設定された海域の一部を占有する可能性が高いほか、漁業の操業の妨げ、航行の危険となる可能性があることから、地元の漁業協同組合による合意が必要となる。

j 環境影響評価法（環境アセスメント法）
「環境影響評価」とは、事業の実施が環境に及ぼす影響について環境の構成要素に係る項目ごとに調査、予測および評価を行うとともに、これらを行う過程においてその事業に係る環境の保全のための措置を検討し、この措置が講じられた場合にお

ける環境影響を総合的に評価することである（環境影響評価法2条1項）。

環境影響評価の対象事業には、「第一種事業」（同法2条2項）および「第一種事業」の規模に0.75倍した規模の事業である「第二種事業」（同法2条3項）がある。「第一種事業」については、必ず環境影響評価が行われる。「第二種事業」については、国土交通大臣が「第二種事業の判定の基準」に基づいて、環境影響評価手続を行うかどうかを個別に判断する（スクリーニング）。環境影響評価の手続は図表2－18のとおりである。

平成24年10月より、環境影響評価法施行令の改正（図表2－19）により、出力が1万kW以上である風力発電所の設置の工事の事業を「第一種事業」とし、出力が7,500kW以上1万kW未満である風力発電所の設置の工事の事業を「第二種事業」とした。変更の工事においても同様である。

これにより、開発期間・コストの大幅増加が懸念されている。環境影響評価法では、建設する際に国や自治体の手続が必要となり、3年以上の期間、1億円以上の費用がかかるとみられている。環境影響評価後に許認可や建設工事を経て操業することを考えると、操業開始の6年以上前に環境影響評価を開始する必要が出てくる。事業の実現性が不透明な段階での1億円以上の支出は、大きな負担となりかねない。

国（環境省）においても、環境アセスメントに活用できる環境基礎情報の整備を図ることにより、調査期間の短縮を可能にするとともに、国における審査の迅速化を図ることにより3年程度と想定される環境アセスメントの期間をおおむね半減する

図表2-18 環境影響評価の手続

	国民等	都道府県知事・市町村長	事業者	国等
計画段階の環境配慮（第二種事業の場合、計画段階の環境配慮の検討は任意に実施）	意見	意見	配慮事項の検討結果（配慮書）⇒（意見に配慮した）対象事業に係る計画策定	環境大臣の意見⇒主務大臣の意見
対象事業の決定（スクリーニング、第二種事業のみ実施）		意見（都道府県知事）	第二種事業の事業概要の主務大臣への届出	届け出られた事業概要に基づき、アセス必要か判定⇒不要な場合は地方公共団体のアセス条例へ
環境アセスメント方法の決定（スコーピング）	意見（公表後の1カ月半の間、だれでも意見を出すことができる）	意見（市町村長の意見を聴いて都道府県知事が意見を出す）	第一種事業およびアセス必要と判定された第二種事業について、方法書（アセスの項目・方法の案）策定⇒意見をふまえて、アセスの項目・方法を決定	アセスの項目・方法について、環境大臣の意見に基づき、主務大臣の助言

第2章 再生可能エネルギー源ごとの諸論点

環境アセスメントの実施			十分に調査・予測・評価・環境保全対策の検討を行う	
環境アセスメントの結果について意見を聴く手続	準備書への意見(公表後の1カ月半の間、だれでも意見を出すことができる)	準備書への意見(市町村長の意見を聴いて都道府県知事が意見を出す)	①アセス結果の案(準備書)の作成・公表 ②アセス結果の修正(評価書)(国民・都道府県知事・市町村長の意見をふまえる) ③アセス結果の確定(補正後の評価書)(免許等を行う者等の意見をふまえる)	環境大臣の意見をふまえて、免許等を行う者等(※)は意見
環境アセスメントの結果の事業への反映			①事業の実施 ②環境保全措置の実施 ③事後調査の実施	免許等での審査
環境保全措置等の結果の報告・公表			①報告書の作成 ②報告書の公表	環境大臣の意見をふまえて、免許等を行う者等は意見

※ 「免許等を行う者等」には①免許等をする者のほか、②補助金等交付の決定をする者、③独立行政法人の監督をする府省、④直轄事業を行う府省が含まれる。

図表2-19　第一種事業と第二種事業

種類	内容	取扱い	例
第一種事業	規模が大きく、環境影響の程度が著しいものとなるおそれがあるもの	環境影響評価の対象事業	事業用電気工作物であって発電用のものの設置又は変更の工事の事業のうち →出力3万kW以上である水力発電所の設置・変更、出力1万kW以上である地熱発電所の設置・変更（火力15万kW以上）、出力1万kW以上である風力発電所の設置・変更
第二種事業	第一種事業に準ずる規模（75%以上）で、環境影響の程度が著しいものとなるおそれがあるかどうかの判定を行う必要があるもの	アセスメントの対象事業とするかは、所轄官庁が個別に判断（スクリーニング）	出力2.25万kW以上3万kW未満である水力発電所の設置・変更、出力7,500kW以上1万kW未満である地熱発電所の設置・変更、出力7,500kW以上1万kW未満である風力発電所の設置・変更

ことを検討している（環境省：『「グリーン成長の実現」と「再生可能エネルギーの飛躍的導入」に向けたイニシアティブ』[57]）。

k　立地規制（森林法、農地法、自然公園法等）

風力発電の適地（風が強く、民家から離れている場所）の多くは、さまざまな立地規制の対象となっているため、風力発電の導入が進んでいない（図表2-20）。

森林法上、地域森林計画の対象となっている民有林、公有林

---

[57] http://www.env.go.jp/annai/kaiken/h24/s0831.html

図表2-20 立地規制の概要

適地の例	立地規制
森林(普通林・保有林・国有林)	森林法、国有林野法
農地・牧草地	農地法、農振法
国立・国定公園、都道府県立自然公園	自然公園法、自然公園条例

内において風力発電所を建設する際、国、地方公共団体が行う場合を除き、開発面積が1haを超える場合には、当該都道府県知事に対して許認可申請を行う必要がある。

　自然公園法は、国立公園、国定公園および都道府県立自然公園の3種類の自然公園に対して、段階に応じた適正な保護と利用の増進を目的に施行され、公園地域を風景価値による保護の必要性に応じて特別地域、特別保護地区、海中公園地区、普通地域に分類しており、工作物の新築・増設や木竹の伐採など、さまざまな規制を定めている。

　風力による電力供給の拡大には、発電所の大規模化(スケールメリットによるメンテナンスの効率化・コスト削減など)が重要となる。国土の狭い日本では農林地等利用の選択肢をとらざるをえず、特に立地規制の緩和が必要である。

　平成24年通常国会(第180回国会)に内閣から提出された「農山漁村における再生可能エネルギー電気の発電の促進に関する法律案(閣法第36号)」においては、再エネ発電設備を整備しようとする個々の事業者は、農林水産省令・環境省令で定めるところにより、当該整備に関する計画(「設備整備計画」)を作成し、基本計画を作成した市町村の認定を申請することができる

(同法案7条1項)。設備整備計画が認定を受けた場合、農地法や森林法、漁港漁場整備法、自然公園法等に基づく諸手続について、個々の法律ごとに申請を行う必要がなく、許可があったものとみなす、または届出を要しないこととみなす、いわゆる行政手続の「ワンストップ化」が可能となる（同法案9条～15条）。

(4) 洋上風力発電の飛躍的導入に向けた戦略

「洋上風力発電」については、従来の調査から相当な導入ポテンシャルがあることが把握されているにもかかわらず、その掘り起こしに向けた具体的な施策が十分ではない状況にある。

洋上風力発電については、すでに国内外を問わず着床式風力発電が商用段階にあるものの、「着床式」がゆえの立地制約（水深50m以下である必要性）が将来的に顕在化することにかんがみれば、「浮体式」の商用化を実現することが必要不可欠である。環境省は、『「グリーン成長の実現」と「再生可能エネルギーの飛躍的導入」に向けたイニシアティブ』において以下のようなシナリオを描いている。

【短中期シナリオ】

〈短期：～2020年〉……3万kW→40万kW

「着床式」風力発電の先導的・モデル的導入による着実な普及拡大を狙う。

「浮体式」風力発電の実証段階から商用段階へのステージアップを実現する。

〈中期：～2030年〉……40万kW→586万kW（→803万kW）

「着床式」風力発電の着実な普及拡大に加えて、「浮体式」風力発電の普及により飛躍的導入拡大を狙う。

【具体的対応策（予算措置など）】

「着床式」風力発電については、既に商用段階にあることから、港湾における風力発電導入に向けたマニュアル（2012年6月）の活用により普及拡大を狙う。

「浮体式」風力発電については、本年、我が国初のパイロットスケール（長崎県五島沖100kW）での運転実証を開始したところであり（浮体構造形式としては世界初）、来年度には商用スケール（2MW）での実証を開始する予定である。2015年以降には本格的な商用段階への移行を目指す。（福島県沖においては、大規模な浮体式洋上ウィンドファーム（大規模複数機）実証事業が国主導の事業として準備中。）

環境アセスメントに活用できる環境基礎情報の整備を図ることにより、調査期間の短縮を可能にするとともに、国における審査の迅速化を図ることにより3年程度と想定される環境アセスメントの期間を概ね半減。

系統接続の円滑化のための蓄電池設置支援。

3 地熱発電

(1) 地熱発電の現状と課題

 日本は世界第3位の地熱資源量(2,347万kW)を保有している。一方で、現在の設備容量は約54万kW(約2％程度)にすぎず、ポテンシャルをかんがみれば、大幅な導入拡大が可能である。

 また、風力や太陽光等の他の再生可能エネルギーに比べ、高い設備利用率(約70％)が特徴で、品質の高い電源供給が可能である。

 さらに、日本のタービンメーカーは、世界シェアトップ3を独占している。

 しかしながら、自然公園内の地熱発電所を6カ所に限定する旨の行政による通知の存在や自然公園法等の規制があり、平成11年の八丈島地熱発電所操業開始以降、具体的な新規開発案件がない状況にある。

 地熱発電については以下のような課題がある。

a 地熱発電所から最寄りの変電所までの送電設備

 わが国の地熱発電の賦存量の合計(2,347.6万kW)のうち、79％の賦存量が自然公園内に存する(自然公園外の賦存量は21％)。さらに、地熱資源の賦存量が高く、かつ、より経済的に発電が可能な地域は、自然公園内の特別保護地区や特別地域

図表2−21 わが国における地熱資源の賦存量と可採資源量

(単位:万kW)

自然公園内の分類		賦存量	
特別保護地区		717.2	
特別地域	第1種	1,021.2	258.1
	第2種		248.1
	第3種		515.0
普通地域		109.0	
自然公園外		501.0	
合計		2,347.6	

(出所) 産業技術総合研究所 (2011)

に存在する(図表2−21)。自然公園法では、景観の保護が重要視されており、国立・国定公園内への鉄塔建設はハードルが高い。自然公園内の特別保護地区や特別地域内の開発の際、「傾斜掘削(域外から斜めに掘り進む方法)」では進展が見込めない。一定の条件のもとでの第2種、第3種特別地域におけるいわゆる「垂直掘削」(当該地域における掘削や工作物の設置)の導入が不可避である。このため、規制改革が不可欠である。

b 再エネ特措法に基づく固定価格買取制度の継続

大規模な地熱発電所は、地熱資源量の調査、掘削、プラント建設完了まで長期にわたり、稼働に入るまで10年程度の期間が必要となる。

再エネ特措法では、経済産業大臣が毎年度、調達価格と調達期間を決定するが、将来の調達価格や調達期間は現時点では予測が立たない。また、再エネ特措法自体将来的に存続するかは

不透明である。事業者にとっては買取制度がない場合においても事業採算性を確保することが課題となる。

c 温泉地を含む地元の理解

特に温泉地では、地熱発電所の建設に伴う掘削が湯量の減少につながるのではないかという懸念が大きい。温泉地では源泉の減少は直接収入の減少と結びつくため、地熱発電所設置による影響について、十分な説明と理解が重要となる。

(2) 地熱発電に関する法律上の規制

a 自然公園法

自然公園法上の自然公園には、わが国の風景を代表するに足りる傑出した自然の風景地である「国立公園」(同法2条2号)、国立公園に準ずる優れた自然の風景地である「国定公園」(同法2条3号)、優れた自然の風景地である「都道府県立自然公園」(同法2条4号)がある。

環境大臣は「国立公園」について、都道府県知事は「国定公園」について、当該公園の風致を維持するため、公園計画に基づいて、その区域(海域を除く)内に、図表2-22の「特別地域」を指定することができる(同法20条1項)。

環境省は、平成24年3月27日、「国立・国定公園内における地熱開発の取扱いについて」(環自国発第120327001号 各地方環境事務所長、各都道府県知事宛 環境省自然環境局長通知)との通達を発出した。

同通達では、既存の温泉水を活用する「バイナリー発電」が容認された。

図表2-22 自然公園の種類と許可基準等

地域		内容	許可基準等
特別地域（法20条）	特別保護地区（法21条）	当該公園の景観を維持するため、特に必要があるため指定。	工作物の新築、改築、増築不可（規則11条6項、1項2号ロ）。
	第1種特別地域（規則9条の2第1号）	特別保護地区に準ずる景観。特別地域のなかでは風致を維持する必要性が最も高い。	工作物の新築、改築、増築不可（規則11条6項、1項2号ロ）。
	第2種特別地域（規則9条の2第2号）	第1種、第3種以外のもの。農林漁業活動についてはつとめて調整を図ることが必要。	高さが13mを超えないもの。敷地面積500m²以上1,000m²未満 建ぺい率15％以下、容積率30％以下 敷地面積1,000m²以上 建ぺい率20％以下、容積率40％以下（規則11条6項）
	第3種特別地域（規則9条の2第3号）	特別地域のなかでは風致を維持する必要性が比較的低い。通常の農林漁業活動については、原則、風致維持に影響を及ぼすおそれが少ない。	高さが13mを超えないもの。建ぺい率20％以下、容積率60％以下（規則11条6項）
普通地域（法33条）		特別地域に含まれない土地。	高さ13mまたは延べ面積1,000m²を超える建築物の新築等→届出（規則14条）

特別保護地区および第1種特別地域については、「垂直掘削」（当該地域における掘削や工作物の設置）だけでなく、これらの区域外からの「傾斜掘削」も認めないこととされた。

　第2種特別地域および第3種特別地域については、公園区域外または普通地域からの「傾斜掘削」については、自然環境の保全や公園利用上の支障がなく、特別地域の地表への影響のないものに限り、個別に判断して認めることとされた。また、「垂直掘削」も、現下の情勢にかんがみ、特に、自然環境の保全と地熱開発の調和が十分に図られる優良事例の形成について検証を行うこととし、以下に掲げるような特段の取組みが行われる事例を選択したうえで、その取組みの実施状況等についての継続的な確認を行い、真に優良事例としてふさわしいものであると判断される場合は、掘削や工作物の設置の可能性についても個別に検討したうえで、その実施について認めることができることとされた。

- 地域協議会など、地熱開発事業者と、地方自治体、地域住民、自然保護団体、温泉事業者等の関係者との地域における合意形成の場の構築
- 公平公正な地域協議会の構成や、その適切な運営等を通じた地域合意の形成
- 発電所の建屋の高さの低減、蒸気生産基地の集約化、配管の適切な取り回しなど、当該地域における自然環境、風致景観および公園利用への影響を最小限にとどめるための技術や手法の投入、そのための造園や植生等の専門

> 家の活用
> ・地熱開発の実施に際しての、地熱関連施設の設置に伴う環境への影響を緩和するための周辺の荒廃地の緑化や廃屋の撤去等の取組み、温泉事業者や農業者への熱水供給など、地域への貢献
> ・長期にわたる自然環境や温泉その他についてのモニタリングと、地域に対する情報の開示・共有

普通地域については、風景の保護上の支障等がない場合に限り、個別に判断して認めることができるものとされた。

b 温 泉 法

現在の日本における地熱発電の主流は、地熱水を地下から取り出し、蒸気と熱水に分け、蒸気だけをタービンの動力に利用する蒸気発電方式である。

温泉(水蒸気を含む。温泉法2条1項)を湧出させる目的で土地を掘削しようとする者は、環境省令で定めるところにより、都道府県知事に申請してその許可を受けなければならない(同法3条1項)。都道府県知事は、湧出量・温度・成分に影響を及ぼすとき等を除き、許可しなければならない(同法4条1項)。

温泉法では、温泉を湧出させる目的で土地を掘削しようとする者は都道府県知事に申請してその許可を受けなければならないと規定している。地熱発電に用いられる蒸気および熱水も、温泉法における温泉に該当するため、温泉法において取り扱われることになる。

法令に規定はないものの、既存源泉所有者等の同意を求める行政指導に注意が必要である（参考：環境省自然環境局「温泉資源の保護に関するガイドライン」（平成21年3月）、以下「平成21年度版」という）。掘削申請時等に既存源泉所有者等の同意書を添付するよう求めているのは29都道府県にのぼる。

　もっとも、平成21年度版においては、当時の知見において地熱発電のための掘削の許可等について言及することが困難であったため、地熱発電を除いた温泉の掘削等を対象として温泉資源の保護に関するガイドラインであった。

　政府（環境省）は、平成24年3月27日、「温泉資源の保護に関するガイドライン（地熱発電関係）」[58]を策定した。同ガイドラインにおいて、温泉資源の保護を図りながら再生可能エネルギーの導入が促進されるよう、地熱開発を5つの開発段階（広域調査段階、概査段階、精査段階、発電所建設段階、発電所運転開始段階）に分類し、各段階において想定される掘削によってどのようなことがわかり、どのような判断をすることができるかについてまとめたものである。同ガイドラインを参考に温泉事業者地熱事業者双方のモニタリングがなされ、協議会等において情報の共有・公開が図られることによりかかる不安が解消されることを期待されている。

　なお、温泉法における掘削許可の判断基準については、「公益の侵害の有無」（温泉法4条1項3号参照）とされており、地熱発電のための掘削であっても、その取扱いを異にするもので

---

[58] http://www.env.go.jp/press/file_view.php?serial=19563&hou_id=15021

はない。温泉掘削の許否は新たな掘削が公益を侵害するか否かで判断されるが、湧出量の減少、温度または成分に影響を及ぼすことは公益を害するおそれの例示とされている。温泉の掘削は当該掘削地点の地質の構造、泉脈の状態、温泉の開発状況、工事の施工方法等により事情を異にしているため、すべての事例に適用しうる基準の設定は困難であり、温泉掘削の許否は、各事例ごとに特有の諸事情を検討したうえで決定されるべきと考えている。なお、公益侵害のなかには、温泉源に対する影響以外のその他の公益侵害も含まれる。その例としては、掘削工事の実施に起因する崖崩れ、地盤の沈下、近隣の井戸の枯渇等があげられる。当該申請が公益を害するおそれがあるか否かを判断するために、都道府県知事が必要と認める書類については提出が求められることになる。

c 環境影響評価法（環境アセスメント法）

上記2(3)j参照のこと。

(3) 「地熱発電」の飛躍的導入に向けた戦略

環境省は、『「グリーン成長の実現」と「再生可能エネルギーの飛躍的導入」に向けたイニシアティブ』において、地熱発電について以下のようなシナリオを描いている。

【現状と方向性】

地熱発電については、2012年3月に新たな通知（国立・国定公園における地熱開発の取扱いについて、温泉資源の保護に関するガイドライン（地熱発電関係））を発出するととも

に、戦略的対応に向けた環境省内に副大臣をヘッドとする会議（自然と調和した地熱開発に関する検討会議）を設置し、自然環境保全と地熱開発の調和が十分に図られた優良事例の形成に取り組む。

他方、温泉事業者等との調整や開発リスク等の課題が大きく、専門的・技術的蓄積も国による支援の削減に呼応して弱体化してきた状況にある。今後は、専門的・技術的ノウハウの蓄積や新たな技術活用も念頭に導入の加速化を図ることとする。

【短中期シナリオ】

<u>〈短期：〜2020年〉</u>……53万kW→107万kW

既に環境アセスメント手続中の事業に加え、計画中の事業を早期に「優良事例」として形成することにより、地熱開発のモデルを広く共有する。

2020年以降の飛躍的な導入に向けた技術的蓄積や社会環境整備を図る。

<u>〈中期：〜2030年〉</u>……107万kW→312万kW（→388万kW）

更なる飛躍的導入拡大に向けた先進的技術（EGS〈高温岩体発電等〉、高度傾斜掘削技術など）の適用・導入を図る。

【具体的対応策（予算措置など）】

地熱分野に従事する専門家・研究者の再結集による最新技術情報の収集・整備を図る。

地熱開発技術のR&Dや実証を強化・促進する。

環境アセスメントに活用できる環境基礎情報の整備を図ることにより、調査期間の短縮を可能にするとともに、国

における審査の迅速化を図ることにより3年程度と想定される環境アセスメントの期間を概ね半減。

地熱開発に際しての合意形成等への支援スキームの充実を図る。

4 バイオマス発電

(1) バイオマス発電の現状と課題

バイオマスはその存在形態と用途が多岐にわたる（図表2－23）。マテリアル利用との競合等に関する配慮や原料の安定供給が課題である。

また、バイオマス発電は、コストに占める原料調達の割合が大きく不安定なものが多いのが特徴である。事業開始当初1,000円/tであった燃料チップ価格が3,000～4,000円/tに上昇した例もある。

さらに、原料の収集・運搬という川上工程と、エネルギーとしての利用という川下工程がうまく連携できないのが悩みである。たとえば、木くずの場合、産業廃棄物として取り扱う場合、収集運搬～中間処理に至るまで「廃棄物の処理及び清掃に関する法律」の許可が必要となる。また、廃棄物として取り扱われている間は、不法投棄を防止するためマニフェストによる管理が行われるために、売却する側に費用がかかってしまう（逆有償）。破砕による中間処理以降は、有価物として、バイオマス発電事業者が費用を負担する。

図表2-23 バイオマスの活用状況

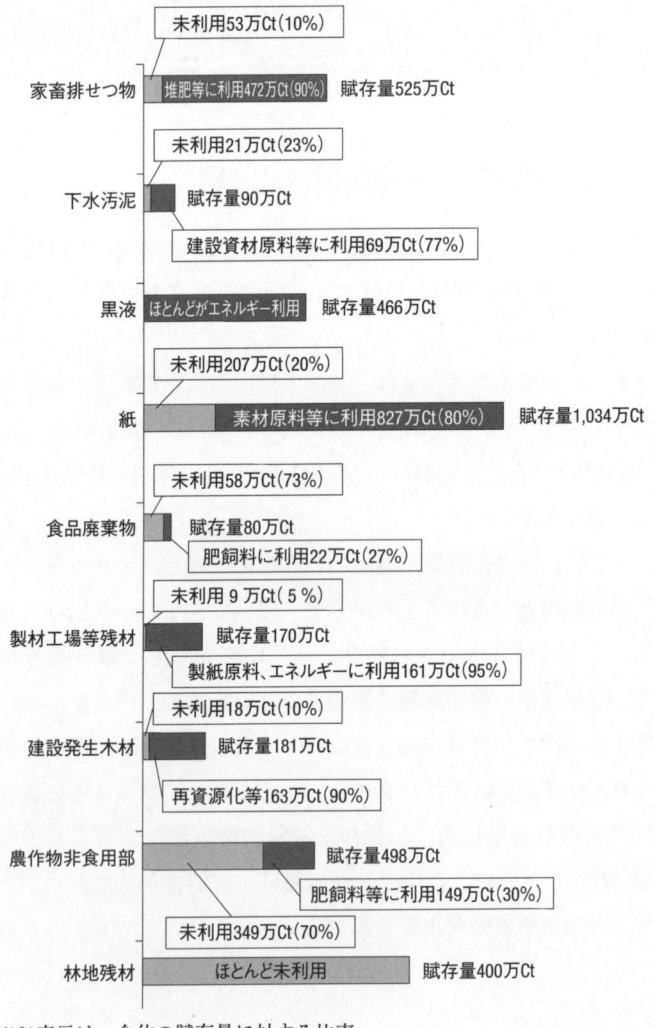

- 家畜排せつ物：賦存量525万Ct
  - 未利用53万Ct（10%）
  - 堆肥等に利用472万Ct（90%）

- 下水汚泥：賦存量90万Ct
  - 未利用21万Ct（23%）
  - 建設資材原料等に利用69万Ct（77%）

- 黒液：賦存量466万Ct
  - ほとんどがエネルギー利用

- 紙：賦存量1,034万Ct
  - 未利用207万Ct（20%）
  - 素材原料等に利用827万Ct（80%）

- 食品廃棄物：賦存量80万Ct
  - 未利用58万Ct（73%）
  - 肥飼料に利用22万Ct（27%）

- 製材工場等残材：賦存量170万Ct
  - 未利用9万Ct（5%）
  - 製紙原料、エネルギーに利用161万Ct（95%）

- 建設発生木材：賦存量181万Ct
  - 未利用18万Ct（10%）
  - 再資源化等163万Ct（90%）

- 農作物非食用部：賦存量498万Ct
  - 肥飼料等に利用149万Ct（30%）
  - 未利用349万Ct（70%）

- 林地残材：賦存量400万Ct
  - ほとんど未利用

※％表示は、全体の賦存量に対する比率
（出所）バイオマス活用推進会議資料

(2) 「バイオマス発電」の飛躍的導入に向けた課題

環境省の『「グリーン成長の実現」と「再生可能エネルギーの飛躍的導入」に向けたイニシアティブ』[59]においては、以下のとおり、バイオマス発電の飛躍的導入に向けた課題・シナリオが掲げられている。

a 現状と方向性

バイオマス発電については、バイオマス資源の高コスト構造および供給不安定性、収集・運搬システムの未整備といった課題があるなか、関係各省が戦略的に連携し、先導的な事業展開を実施し、さらなる事業形成の加速化を図る。

b 短中期シナリオ

〈短期：〜2020年〉……240万kW→396万kW

公共の廃棄物焼却施設の更新・改良等を通じ高効率の発電設備を導入するとともに、電力需要に対応した廃棄物発電の実施を図る。

関係各省との連携によりモデルプロジェクトの大幅な展開を図る。

復興関連事業の廃棄物についても燃料としての活用を検討する。

〈中期：〜2030年〉……396万kW→522万kW（→600万kW）

2020年までの取組みを確実・着実に継続するとともに、公共

---

[59] http://www.env.go.jp/annai/kaiken/h24/s0831.html

の廃棄物焼却施設における災害時のエネルギー供給を含めたエネルギーセンター機能の強化を図る。

c 具体的対応策（予算措置など）

「バイオマス事業化戦略」（下記(3)参照）に基づく戦略的施策展開を図る。

交付金等により公共の廃棄物焼却施設におけるエネルギー回収能力を強化するとともに、廃棄物焼却施設の運営の改善を進める。バイオマス発電をベースとした木質バイオマスのモデル事業を展開する。

(3) バイオマス事業化戦略

政府の「バイオマス活用推進会議」（内閣府、総務省、文部科学省、農林水産省、経済産業省、国土交通省、環境省の7府省の担当政務で構成）は、平成24年9月6日に、「バイオマス事業化戦略」を決定した[60]。

a 基本的な考え方

震災・原発事故を受け、地域のバイオマスを活用した自立・分散型エネルギー供給体制の強化が重要な課題である。

多種多様なバイオマスと利用技術があるなかで、どのような技術とバイオマスを利用すれば事業化を効果的に推進できるかが現在、明らかでない。

バイオマス活用推進基本計画の目標達成に向け、コスト低減と安定供給、持続可能性基準をふまえつつ、技術とバイオマス

---

60 http://www.maff.go.jp/j/press/shokusan/bioi/120906.html

図表2－24　バイオマスのエネルギー・ポテンシャル

	2020年の利用率目標がエネルギー利用により達成された場合	未利用分がすべてエネルギー利用された場合
電力利用可能量	約130億kWh （約280万世帯分）	約220億kWh （約460万世帯分）
燃料利用可能量（原油換算）	約1,180万kL （ガソリン自動車約1,320万台分）	約1,850万kL （ガソリン自動車約2,080万台分）
温室効果ガス削減可能量	約4,070万t-CO2 （わが国の温室効果ガス排出量の約3.2％相当）	約6,340万t-CO2 （わが国の温室効果ガス排出量の約5.0％相当）

（出所）　バイオマス活用推進会議資料

の選択と集中によるバイオマス活用の事業化を重点的に推進し、地域におけるグリーン産業の創出と自立・分散型エネルギー供給体制の強化を実現していくための指針として「バイオマス事業化戦略」を策定した。

b　バイオマスのエネルギー・ポテンシャル（年間）（図表2－24）

c　技術のロードマップと事業化モデル

　多種多様なバイオマス利用技術の到達レベルを評価した技術ロードマップを作成し、事業化に重点的に活用する実用化技術（メタン発酵・堆肥化、直接燃焼、固形燃料化、液体燃料化）とバイオマス（木質、食品廃棄物、下水汚泥、家畜排せつ物等）を整理し、上記の実用化技術とバイオマスを利用した事業化モデルの例（タイプ、事業規模等）を提示している。

d 戦　略

① 基本戦略

○コスト低減と安定供給、持続可能性基準をふまえつつ、技術とバイオマスの選択と集中による事業化の重点的な推進
○関係者の連携による原料生産から収集・運搬、製造・利用までの一貫システムの構築（技術〈製造〉、原料〈入口〉、販路〈出口〉の最適化）
○地域のバイオマスを活用した事業化推進による地域産業の創出と自立・分散型エネルギー供給体制の強化
○投資家・事業者の参入を促す安定した政策の枠組みの提供

② 技術戦略（技術開発と製造）

○事業化に重点的に活用する実用化技術の評価（おおむね2年ごと）
○産学官の研究機関の連携による実用化を目指す技術の開発加速化（セルロース系、藻類等の次世代技術、資源植物、バイオリファイナリー等）

③ 出口戦略（需要の創出・拡大）

○再エネ特措法の固定価格買取制度の積極的な活用

○投資家・事業者の参入を促すバイオマス関連税制の推進
○各種クレジット制度の積極的活用による温室効果ガス削減の推進
○バイオマス活用施設の適切な立地と販路の確保
○高付加価値の製品の創出による事業化の推進

④ 入口戦略（原料調達）

○バイオマス活用と一体となった川上の農林業の体制整備（未利用間伐材等の効率的な収集・運搬システムの構築等）
○広く薄く存在するバイオマスの効率的な収集・運搬システムの構築（バイオマス発電燃料の廃棄物該当性の判断の際の輸送費の取扱い等の明確化等）
○高バイオマス量・易分解性等の資源用作物・植物の開発
○多様なバイオマス資源の混合利用と廃棄物系の徹底利用

⑤ 個別重点戦略

（i）木質バイオマス
・再エネ特措法の固定価格買取制度も活用しつつ、未利用間伐材等の効率的な収集・運搬システム構築と木質発電所等でのエネルギー利用を一体的・重点的に推進
・製材工場等残材、建設発生木材の製紙原料、ボード原料やエネルギー等への再利用を推進

(ii) **食品廃棄物**
- 再エネ特措法の固定価格買取制度も活用しつつ、分別回収の徹底・強化とバイオガス化、他のバイオマスとの混合利用、固体燃料化による再生利用を推進

(iii) **下水汚泥**
- 地域のバイオマス活用の拠点として、再エネ特措法の固定価格買取制度も活用しつつ、バイオガス化、食品廃棄物等との混合利用、固形燃料化による再生利用を推進

(iv) **家畜排せつ物**
- 再エネ特措法の固定価格買取制度も活用しつつ、メタン発酵、直接燃焼、食品廃棄物等との混合利用による再生利用を推進

(v) **バイオ燃料**
- 品質面での安全・安心の確保や石油業界の理解を前提に農業と一体となった地域循環型バイオ燃料利用の可能性について具体化方策を検討
- バイオディーゼル燃料の税制等による低濃度利用の普及や高効率・低コスト生産システムの開発
- 産学官の研究機関の連携による次世代バイオ燃料製造技術の開発加速化

⑥ 総合支援戦略

○地域のバイオマスを活用したグリーン産業の創出と地域循環型エネルギーシステムの構築に向けたバイオマス産

業都市の構築（バイオマスタウンの発展・高度化）
○原料生産から収集・運搬、製造・利用までの事業者の連携による事業化の取組みを推進する制度の検討（農林漁業バイオ燃料法の見直し）
○プラント・エンジニアリングメーカーの事業運営への参画による事業化の推進

⑦　海外戦略

○国内でわが国の技術とバイオマスを活用した持続可能な事業モデルの構築と、国内外で食料供給等と両立可能な次世代技術の開発を進め、その技術やビジネスモデルを基盤にアジアを中心とする海外で展開
○わが国として、関係研究機関・業界との連携のもと、持続可能なバイオマス利用に向けた国際的な基準づくりや普及等を積極的に推進

5 中小水力発電[61]

(1) 水力発電全体の動向

　水力発電は、現在わが国の電源構成の約8％を担っている。近年は設備容量全体は伸び悩んでいるが、調整電源としては活躍している。結果的に発電電力量は横ばい傾向である。

　設備の償却年数が長く古い設備も多いが、近年、30年以上を経て、設備の更新を行い、最新式の設備に入れ替える例もある。

　流れ込み式水力はベース供給力、揚水式水力等はピーク供給力にそれぞれ活用されている。

(2) 中小水力発電の導入事例

　中小水力発電の規模は、数十kWから数千kWまでさまざまである。

　利用する水の種類として、河川系の水資源を利用する場合と、農業用水や上下水道等を利用する場合がある（図表2－25）。

　市民参加型ミニ公募債を発行するなど、市民協働による農業用水や上下水道利用等の開発例がある（具体例：平成18年4月

---

[61] 資源エネルギー庁の作成資料を参照(http://www.meti.go.jp/committee/chotatsu_kakaku/001_07_02.pdf)

図表2−25　中小水力発電の導入事例

河川水	新枯渕発電所（3,600kW）
河川維持放流水	宮川ダム維持流量発電所（220kW）
水道水	郡山ポンプ場水力発電所（80kW）、鷺沼発電所（90kW）
農業用水	百村第二発電所（90kW）
砂防ダム水	清和発電所（190kW）
新型除塵装置付可変速大型下掛け水車発電システム	家中川小水力市民発電所（20kW）

に山梨県都留市の市役所前に設置された日本初の本格的木製下掛け水車〈設置容量20kW〉)。

(3) 中小水力発電のポテンシャル

河川における中小水力発電については、3万kW以下の開発余地が大きい。ただし、開発地点の奥地化、出力の小規模化、高コストが課題である。

農業用水や上下水道利用等の場合の開発余地も大きい。ただし、圧倒的に小規模なものが多く、コスト高や水利権の調整などが課題である。

(4) 中小水力発電の導入事業者別のシェア

中小水力発電の多くはこれまで電力会社と地方公共団体が担ってきている。他方、直近では徐々に民間事業者の参入も活発化している。

補論 再エネ特措法に関する紛争に関して

1 総　　論

　再エネ特措法には、現時点で、同法に関する紛争についての特別の規定等[62]が存在しない。したがって、再エネ特措法に関する紛争は、通常の行政と民間、民間と民間の紛争として、行政事件訴訟法（昭和37年5月16日法律第139号）、国家賠償法（昭和22年10月27日法律第125条）、民事訴訟法（平成8年6月26日法律第109号）等が適用される可能性が高いものと思料される。

　筆職らの確認した時点では、再エネ特措法に関する紛争に関して、司法判断を経たものとして公刊されている裁判例等は存在しないとの認識ではあるが、再エネ特措法の利用が加速するに従って、紛争が司法の場に持ち込まれる機会が増加することが予想される。

　そこで、再エネ特措法に関して、特に紛争になりそうな事例に関して、訴訟の実体審理面ではなく、訴訟要件の点から、きわめて簡略であるが、検討したい。

---

[62] たとえば、他の規制法でみられる審査請求前置主義（行政事件訴訟法8条1項ただし書）等。

2 特定契約

　特定契約に関して、予測される紛争としては、再エネ特措法4条が接続義務を規定しているにもかかわらず、電気事業者がこれに応じないケースである。

　この場合には、再エネ特措法の条文の規定上、第一義的には、同法4条3項、4項で経済産業大臣が勧告、命令をとることが予定されているが、かかる勧告、命令に電気事業者が従わない場合、特定供給者としては、いかなる手段を講じることができるであろうか。

　この点、再エネ特措法4条1項は、国家と国民の関係を規律するものであって、企業間の法律関係を規律するものではないと解釈される可能性が高いものと思料されるから、特定供給者が、再エネ特措法4条1項に基づいて契約の履行を裁判所に訴求すること[63]は、困難ではないかと思われる。

　もっとも、再エネ特措法4条1項に基づいて契約の履行を強制することはできなくても、たとえば大型のプロジェクトファ

---

[63] たとえば、同法を根拠として契約が締結したことを前提として、その履行を求める民事訴訟(この場合には、請求原因事実が認められないので棄却となろう)や、特定契約の締結義務があることの確認訴訟等(なお、仮に国に対して、当該権利関係が公法上の権利関係であるとして、実質的当事者訴訟等を提起しても、はたして公法上の権利関係といえるか、確認すべき権利関係が構成できず、訴えの利益が認められるか疑問である)。

イナンス等の場合には、特定契約の締結前に、設備の建設等に大規模な資産が必要であり、特定契約の締結前に、何らかの合意書を締結するのが実務上通常であるから、設備認定後のかかるリスクに対応するため、そういった合意書のレベルで、法的拘束力が生じる文言を記載することによって[64]、契約の締結は強制できなくても、いくばくかの不法行為または当該基本合意の債務不履行を理由とする損害賠償は認められるのではなかろうか。また、当該基本合意書等が存在しなくても（または当該合意書に法的拘束力が認められなくても）、当事者間の具体的な状況に応じては、契約締結上の過失があったとして、損害賠償請求が認容されるケースもあるであろう。

---

64 M&Aに関する裁判例であるが、基本合意書に法的拘束力を肯定していると評価されている裁判例として最決平成16年8月30日民集58巻6号1763頁、岩倉正和著・佐藤丈文監修『企業法務判例ケーススタディ300・企業組織編』（金融財政事情研究会・平成19年）609頁参照。

3 再エネ特措法6条1項

　一般に、大型の施設が建築される場合には、さまざまな事情から、周囲の住民による当該施設の建築に対する反対運動等が起こることもあり、訴訟等に発展するケースも多い。再エネ特措法でいえば、建築物の性質上、周囲に与える影響は低いものが一般的と考えられるため、訴訟等に発展するケースは少ないと考えられるが、仮に住民が、再エネ関連の施設の建築に反対運動等を展開した場合には、再エネ特措法6条の施設の認定処分の取消訴訟（行政事件訴訟法8条1項）および執行停止（行政事件訴訟法25条1項）等を訴求することになろうかと思われる。

　こういった訴訟の場合には、訴訟要件のうち、とりわけ原告適格（行政事件訴訟法9条1項、2項）が問題となろう[65]。

　また、人格権に基づく差止め訴訟等も予想されるところであるし、仮に騒音等が生じた場合には、民事で損害賠償等を訴求することも考えられよう。

---

[65] 行政事件訴訟法8条1項の認定処分の処分性（行政事件訴訟法3条2項）に関しては、肯定される可能性が高いであろう。参考として、処分性に関して一般論を展開している最判昭和39年10月29日民集18巻8号1809頁参照。

4 再エネ特措法3条8項

　再エネ特措法3条8項によれば、調達価格の改定が可能と規定されており、これは本文で記載したように、過去の価格にまで影響を及ぼす可能性がある。この場合には、特定供給者としては、理論上、国家に対して、国家賠償または損失補償請求をすることが考えられるが、国家賠償に関しては一般的に違法性が肯定できない可能性が高く[66]、また、価格改定に関しては、同法3条5項で調達価格等算定委員会の意見を聴くとしていることからも、当該意見に従って（当該意見が客観的に合理的であることを前提にする）、価格を改定した場合に違法性を認めるのは困難であろう。

　損失補償に関しては、再エネ特措法上規定がないところ、判例によれば、損失補償規定がない場合に、憲法29条3項を根拠に請求する余地があるとしたものがある[67]。しかしながら、具体的にどのような場合に発動できるか、および補償の基準も不明確であり[68]、実際に実効的な機能を有するか不明確な点が多

---

[66] 参考として、所得税の更正処分に関して、当該処分が所得金額の過大認定を理由に取消訴訟で一部取り消され、処分を違法とする判決が確定しているとしても、そのことから直ちに国家賠償法1条1項にいう違法があったと評価を受けるものではなく、<u>税務署長が職務上通常尽くすべき注意義務を尽くすことなく漫然と更正したと認めうるような事情がある場合に限り違法となるとした</u>、最判平成5年3月11日民集47巻4号2863頁参照。

[67] 最判昭和43年11月27日刑集22巻12号1402頁参照。

い。

　また国民全体のため、すなわち公共の福祉を増進するという積極目的の場合には、損失補償はきわめて例外的な場面でしか機能しないと、一般的に解釈されている[69]。再エネ特措法3条8項は、物価の変動等によって、特定供給者の取得しうる利潤が国民経済上、立法目的に照らして、妥当でない場合に発動されるものと評価される積極目的によるものと評価でき、この点からも損失補償は困難ではなかろうか。

　結局のところ、同法3条8項の発動による調達価格の低下に関しては、電気事業者と特定供給者との間の契約で、責任分担を規定[70]することによって、ヘッジするしかないのではなかろうか。

68　なお、財物に関するものではないが、憲法29条3項の類推適用を肯定した事例として、東京地判昭和59年5月18日判時1118号28頁参照。
69　橋本博之・櫻井敬子著「行政法」（弘文堂・平成19年）385頁参照。
70　具体的には、再エネ特措法3条8項が発動されてから調達期間満了までは、価格が下がるわけであるが、その差額を特定供給者が負担（売却価格は3条8項行使後の価格）するか、電気事業者で負担（売却価格は3条8項行使以前を継続させる、または行使後の価格としても一定の金額をプラスアルファで加味）するかということであり、その分担を規定することになろう。

資料編

1 特定契約・接続契約モデル契約書

目　次

再生可能エネルギー電気の調達および供給ならびに接続等に関する契約

第1章　再生可能エネルギー電気の調達および供給に関する事項 ……222
　第1.1条（再生可能エネルギー電気の調達及び供給に関する基本事項）……222
　第1.2条（受給開始日及び受給期間）……225
　第1.3条（受給電力量の計量及び検針）……228
　第1.4条（料金）……230
　第1.5条（他の電気事業者への電気の供給）……232
第2章　系統連系に関する事項……234
　第2.1条（系統連系に関する基本事項）……234
　第2.2条（乙による系統連系のための工事）……235
　第2.3条（甲による系統連系のための工事）……240
第3章　本発電設備等の運用に関する事項……241
　第3.1条（給電運用に関する基本事項）……241
　第3.2条（出力抑制）……242
第4章　本発電設備等の保守・保安、変更等に関する事項……247
　第4.1条（本発電設備等の管理・補修等）……247
　第4.2条（電力受給上の協力）……249
　第4.3条（電気工作物の調査）……250
　第4.4条（本発電設備等の改善等）……251
　第4.5条（本発電設備等の変更）……252
第5章　本契約の終了……253
　第5.1条（解除）……253
　第5.2条（設備の撤去）……256
第6章　表明・保証、損害賠償、遵守事項……256
　第6.1条（表明及び保証）……256
　第6.2条（損害賠償）……260
　第6.3条（プロジェクトのスケジュールに関する事項）……261
第7章　雑則……261
　第7.1条（守秘義務）……261
　第7.2条（権利義務及び契約上の地位の譲渡）……262
　第7.3条（本契約の優先性）……264
　第7.4条（契約の変更）……264
　第7.5条（準拠法、裁判管轄、言語）……265
　第7.6条（誠実協議）……265

【前文】

〔特定供給者〕(以下「甲」という。)と〔一般電気事業者又は特定電気事業者〕(以下「乙」という。)は、電気事業者による再生可能エネルギー電気の調達に関する特別措置法(平成23年法律第108号、その後の改正を含み、以下「再エネ特措法」という。)に定める再生可能エネルギー電気の甲による供給及び乙による調達並びに甲の発電設備と乙の電力系統との接続等に関して、次のとおり契約(以下「本契約」という。)を締結する。なお、本契約において用いる用語は、別に定めのない限り、再エネ特措法に定める意味による。

【解説】

本契約が特定契約(再エネ特措法4条1項)および接続契約(同法5条1項)について定めていることを明らかにしている。特定契約と接続契約の相手方となる電気事業者が同一の場合には、特定契約と接続契約が一体となった電力受給契約書を締結することも可能である(PA44頁8番)。モデル契約書も、特定契約と接続契約の相手方となる電気事業者が同一であることを前提としたものであり、特定契約書と接続契約書を一体的に規定している。

モデル契約書は、①特定契約と接続契約の相手方が同一の電気事業者(＝一般電気事業者または特定電気事業者)であること、②設備認定を受けた500kW以上の太陽光および風力発電設備を利用すること、③設備認定を受けた発電設備の建設着工前に特定契約および接続契約を締結すること、④発電事業を行うにあたり、金融機関等からの資金調達を実施すること、を念頭に置いたものである。

特定供給者を「甲」、電気事業者を「乙」としたうえで、特定供給者を電気事業者と対等な立場として規定している点も特徴である。

第1章 再生可能エネルギー電気の調達および供給に関する事項

第1.1条（再生可能エネルギー電気の調達及び供給に関する基本事項）

1．甲は、乙に対し、次条に定める受給期間にわたり、次項に定める本発電設備を用いて発電する電気を供給することを約し、乙は、本発電設備につき適用される法定の調達価格により当該電気を調達することを約する。

2．本契約の対象となる甲の発電設備（以下「本発電設備」という。）は以下のとおりとする。なお、甲及び乙は、本契約締結時において、前項に定める本発電設備を用いた発電について再エネ特措法第6条第1項の認定を受けていることを確認する。かかる認定が取り消された場合、甲は直ちにその旨を乙に対し通知するものとし、再エネ特措法第6条第4項の変更認定を受けた場合、又は同第5項の届け出を行った場合、甲は直ちにその旨及び変更の内容を乙に対し通知するものとする。なお、本発電設備を用いた発電に係る再エネ特措法第6条第1項の認定が取り消された場合、本契約は直ちに終了するものとする。

所　在　地：〇〇県〇〇市〇〇
発電所名：〇〇発電所
再生可能エネルギー源：〇〇
発 電 出 力：〇〇kW

3．乙は、本契約に別途定める場合（第3.2条第4項に定める補償を要する出力抑制を行う場合を含む。）を除き、甲が本発電設備において発電した電気のうち、乙に供給する電力（以下「受給電力」という。）のすべてを調達するものとする。なお、受給電力の受給地点、電気方式、周波数、最大受電電力（乙が受電する電力の最大値をいう。）、標準電圧は以下のとおりとする。

受給地点：○○県○○市○○
　　　電気方式：○○
　　　周波数：○○Hz
　　　最大受電電力：○○kW
　　【注：端数は小数点第一位で【四捨五入/切り捨て】。】
　　　標準電圧：○○V

4．乙は、次の各号に掲げる場合、第1項に基づく調達義務を負わないものとする。
　(ⅰ) 甲乙間の電気供給契約又は電気供給約款等（以下、総称して「電気供給契約等」という。）に基づき乙が甲に対し電力を供給している場合において、甲【又は第三者【注：屋根貸しの場合において、Y字分岐で2引き込みをしている場合は、記載。】】による当該電気供給契約等の債務不履行により、甲に対する電力の供給が停止されていることによって、甲の乙に対する電力の供給ができない場合
　(ⅱ) 乙との間で接続供給契約を締結している特定規模電気事業者（以下「供給事業者」という。）が当該接続供給契約及び甲との電気供給契約等に基づき甲に対し電力を供給している場合において、供給事業者による接続供給契約の債務不履行により、甲に対する電力の供給が停止されていることによって、甲の乙に対する電力の供給ができない場合

【解説】
1．第1項
　本契約が、再エネ特措法に規定する「特定契約」（当該特定供給者に係る認定発電設備に係る調達期間を超えない範囲内の期間にわたり、特定供給者が電気事業者に対し再生可能エネルギー電気を供給することを約し、電気事業者が当該認定発電設備に係る調達価格により再生可能エネルギー電気を調達することを約する契約）（再エネ特措法4条1項）であることを明確に規定している。
2．第2項
　本契約の対象となる発電設備について、①所在地、②発電所名、

③再生可能エネルギー源、④発電出力により特定している。

また、当該発電設備が設備認定(再エネ特措法6条1項)を受けていること、すなわち、「認定発電設備」(同法3条2項)であることが、特定契約(同法4条1項)および接続契約(同法5条1項)、すなわち本契約締結の前提条件であるため本発電設備が設備認定を受けていることの確認、および当該認定が取り消された場合における本契約の終了についても規定している。

特定供給者が、本契約が終了することになる発電設備の認定が取り消された場合、特定供給者は直ちにその旨を電気事業者に対し通知することを要するものとしている。また、特定契約の内容が変更することになる再エネ特措法6条4項の変更認定を受けた場合、または、特定契約自体の内容についての変更がない再エネ特措法6条5項の軽微な変更についての届出を行った場合には、特定供給者は直ちにその旨および変更の内容を電気事業者に対し通知するものとしている。

3．第3項

特定契約においては、電気事業者は、再生可能エネルギーについて、固定価格での買取・支払義務を負担する一方で、特定供給者は、特に、数量的義務(ある一定の出力・供給義務)、排他的義務(全量を特定契約の相手方である電気事業者に供給し、特定契約の相手方である電気事業者以外の第三者あるいは卸電力市場への供給を制限される義務)を負担するものではない(PA45頁24番・同46頁37番・38番)。

本規定は、電気事業者には本発電設備において発電した電気のうち特定供給者が電気事業者に供給しようとする電気のすべての調達義務を課すことを明確にしている。また、本規定に規定されていないことの反対解釈として、特定供給者は電気事業者に対して数量的・排他的供給義務を負わないこととなる。

4．第4項

第3項に基づき電気事業者が負う調達義務の例外について規定している。

(i)は、調達義務の免責事由として、特定供給者が電気事業者から電気の供給を受けている場合において、特定供給者の電気供給契約

等の債務不履行により、特定供給者に対する電力の供給が停止されている場合を定めている。これは再エネ特措法には定めのないものであるが、当然といえる事項であり、不当とはいえないだろう。

「屋根貸しの場合において、(建物の構内で) Y字分岐で2引き込みをする場合」においては、「第三者による当該電気供給契約等の債務不履行」も供給停止の原因とされている。屋根貸しの太陽光発電設備は「一般用電気工作物」(電気事業法38条1項) となるが、Y字分岐の他方の分岐による当該建物の構内における所有者または占有者による利用も「供給する電気を使用する一般用電気工作物」(同法57条参照) に該当する。この場合においては、当該建物の所有者・占有者が一般電気事業者に対して債務不履行をした場合には、Y字分岐の他方の電力の利用者である特定供給者に対する電力の供給も停止されることになるので「第三者」の文言が追加されることになる。

(ii)は、特定供給者が新電力(特定規模電気事業者)から電力の供給を受けている場合において、新電力の電気事業者に対する接続供給契約における料金不払い等の債務不履行により、新電力から特定供給者に対する電力の供給が停止されることにより、当該特定供給者が電気事業者に対して電力の供給ができない場合について定めている。

第1.2条(受給開始日及び受給期間)

1. 本契約による受給電力の受給開始日及び受給期間は、次のとおりとする。

   受給開始日:○年○月○日
   受給期間:○年○月○日(同日を含む。)から起算して○(例:240) 月【注:調達期間を超えない範囲内で記入。】経過後最初の検針日の前日までの期間

2. 受給開始日より前に本発電設備の試運転により発電した電気の受給条件については、別途甲乙間で協議の上定める。
3. 甲又は乙は、受給開始日を変更する必要がある場合、協議

の上これを変更することができる。受給開始日を変更した場合の受給期間は、変更後の受給開始日（同日を含む。）から起算して○（例：240）月経過後最初の検針日の前日までの期間とする。但し、(i)再エネ特措法第6条第4項に基づく変更認定を受けたことにより本発電設備について適用される調達期間が変更された場合には、当該変更後の調達期間を超えない範囲内の期間とし、(ⅱ)再エネ特措法第3条第8項の規定により、本契約につき適用される調達期間が改定された場合には、かかる改定後の調達期間を超えない範囲内の期間によるものとする。
4. 甲又は乙のいずれかの責めに帰すべき事由により受給開始日が本条第1項に定める日より遅延し、これにより相手方に損害、損失、費用等（以下、総称して「損害等」という。）が生じた場合には、当該有責当事者は、相手方に対し、かかる損害等を賠償するものとする。

【解説】

1．第1項

受給開始日および受給期間について定めている。

受給期間は月単位となっているが、これは、賦課金も月単位で徴収されるなど、電気事業者の実務に配慮したものである。

受給期間について、「○年○月○日から起算して○（例：240）月」とされているのは、本契約が「設備認定を受けた500kW以上の太陽光および風力発電設備を利用すること」を前提としているため、その再エネ特措法上の調達期間（20年＝240月）を念頭に置いて規定しているものである。

「【注：調達期間を超えない範囲内で記入。】」とあるのは、再エネ特措法4条1項において、特定契約の期間については、「調達期間を超えない範囲内の期間」として、調達期間よりも短い期間の特定契約を締結することが認められており、また、再エネ特措法の規定は任意規定であることにかんがみれば、特定供給者と電気事業者が対等な立場から真摯に合意する場合には、再エネ特措法上の調達期間よりも短い受給期間とすることを認めるものである。もっとも、

特定供給者が再エネ特措法上の調達期間よりも短い受給期間を望むことは通常考えられないので、原則として、再エネ特措法上の調達期間を受給期間とすべきである。

2．第2項

試運転について定めている。試運転期間は調達期間に含まれないため（PA13頁60番）、特定供給者および電気事業者の両者の協議により個別に決定されることになる。

3．第3項

第3項本文は、本契約が資金調達の便宜の観点から、発電設備の建設着工前の契約締結を前提としているため、受給開始日を変更する必要がある場合に関して定めている。すなわち、再エネ特措法上は、発電設備の建設着工前においても設備認定を受けることが可能である（再エネ特措法施行規則7条2項参照）ため、契約締結義務は建設着工前にも発生する。

また、本項但し書は、(i)再エネ特措法6条4項に基づく変更認定を受けたことにより本発電設備について適用される調達期間が変更された場合、および(ii)再エネ特措法3条8項の規定により、本契約につき適用される調達期間が改定された場合に関する手当について定めている。

4．第4項

受給開始日の遅延によりいずれかの当事者に損害が生じた場合における賠償義務について定めている。

特定供給者の責めに帰すべき事由による損害については、特定供給者が数量的・排他的供給義務を負っていないため（PA45頁24番、同46頁37番・38番）、逸失利益は含まれない（PA52頁89番）。

電気事業者の責めに帰すべき事由により生じる損害については、たとえば金融機関から借入れを受けている場合における利息相当額の損害（PA52頁88番）や、特定供給者が土地を借りている場合における賃料相当額等を想定している。これらの損害等が含まれることを明確化するために、「損害、損失、費用等」の後に、「（甲が認定発電設備の取得等のために金融機関からの借入れを受けている場合における利息相当額の損害及び甲が土地を借りている場合における賃料相当額を含むがこれらに限らない。以下、総称して「損害

等」という。)」と規定することも考えられる。

第1.3条（受給電力量の計量及び検針）
1. 甲乙間の受給電力量の計量は、計量法（平成4年法律第51号、その後の改正を含む。）の規定に従った電力量計（取引用電力量計並びにその他計量に必要な付属装置及び区分装置をいう。以下同じ。）により行い、その設置については、【甲／乙】が行うものとし、その設置費用（計量法に基づき取替えが必要となる場合の費用を含む。）は甲の負担とする。【この場合、甲は、当該設置場所を乙に対して無償で提供するものとする。〔電力量計の設置を乙が行う場合に規定。〕】
2. 前項に基づき計量された受給電力量の単位は、1キロワット時とし、1キロワット時未満の端数は、小数第1位で四捨五入する。
3. 電力量計の検針は、乙が別途指定する日（以下「検針日」という。）に【〔検針を乙が行う場合〕乙が行うものとし、乙は、検針日から○日以内に、乙が指定する方法によって当該検針の結果を甲に通知する。甲は、かかる乙による検針に合理的な範囲内で協力し、かかる検針に立ち会うことができるものとする。／〔検針を甲が行う場合〕甲が行うものとし、甲は、検針日から○日以内に、乙が指定する方法によって当該検針の結果を乙に対し通知する。】
4. 電力量計に故障等が生じ、受給電力量を計量することができないことを覚知した当事者は、相手方に対し速やかにその旨を通知するものとする。計量できない間の受給電力量については、当該期間における近隣の天候その他の発電条件及び本発電設備における過去の発電量実績【、並びに乙の電力系統監視制御システムにおける計測値〔電力系統監視制御システムを有する場合に規定。〕】等を踏まえ、甲乙協議の上決定する。
5. 乙（乙から委託を受けて検針を実施する者を含む。）は、受給電力量を検針するため、又は電力量計の修理、交換若しくは検査のため必要があるときには、本発電設備【又は甲が

> 維持し、及び運用する変電所若しくは開閉所】が所在する土地に立ち入ることができるものとする。

【解説】

1．第1項

本項は、受給電力量の計量は、計量法の規定に従った電力量計により行う旨定めている。これは、認定発電設備が、「電気事業者に供給する再生可能エネルギー電気の量を的確に計測できる構造であること」に基づいている（再エネ特措法施行規則8条1項3号参照）。

「当該特定供給者が供給する再生可能エネルギー電気の量を計量するために必要な電力量計の設置又は取替えに係る費用」は特定供給者が負担することとされている（再エネ特措法5条1項1号、同法施行規則5条1項3号）ので、設置費用は特定供給者が負担することとされている。

2．第2項

受給電力量の単位（1kWh）およびその端数処理（小数点第1位で四捨五入）については、電気事業者の実務をふまえて規定されている。

3．第3項

本項は再エネ特措法4項1項、同法施行規則4条1項2号イをふまえた規定である。

特定供給者は、「特定契約電気事業者が指定する日に、毎月、当該特定契約電気事業者が当該特定契約に基づき調達する再生可能エネルギー電気の量の検針（電力量計により計量した電気の量を確認することをいう）を行うこと、及び当該検針の結果の通知については、当該特定契約電気事業者が指定する方法により行うこと」を特定契約の内容とすることに同意しなければならない（再エネ特措法4項1項、同法施行規則4条1項2号イ）。

4．第4項

電力量計の故障等が生じた場合の通知義務、および故障により計量できない期間における受給電力量に関して、特定供給者および電気事業者が協議のうえ決定する旨定めている。

電力量計の故障等により計量できない期間における受給電力量に関し、両者の協議事項としているのは、電気事業者に一定の帰責性があるといえる出力抑制の補償の場面との対比の観点から両者の協議事項とするほうが公平と考えられるためである。

なお、パブコメ回答においては、電力量計の故障等で計量ができない場合の受給電力量について、当該期間の発電所近隣の天候その他の発電条件および認定発電設備における発電量の実績等をふまえ、特定供給者が合理的に算定した受給電力量による旨の規定をしたとしても、特定契約の拒否事由である「著しく不合理な事項」には含まれないとされている（PA52頁96番）。

5．第5項

本項は、再エネ特措法4条1項、同法施行規則4条1項2号ロをふまえた規定である。

特定供給者は、特定契約を締結する電気事業者（以下「特定契約電気事業者」）の従業員（当該特定契約電気事業者から委託を受けて検針を実施する者を含む。）が、当該特定契約電気事業者が調達した再生可能エネルギー電気の量を検針するため、またはその設置した電力量計を修理、交換もしくは検査するため必要があるときに、当該特定供給者の認定発電設備または当該特定供給者が維持し、および運用する変電所もしくは開閉所が所在する土地に立ち入ることができることを特定契約の内容とすることに同意しなければならない（再エネ特措法4条1項、同法施行規則4条1項2号ロ）。

第1．4条（料金）

1. 乙が甲に支払う毎月の料金は、前条に定める方法により計量された受給電力量に以下の電力量料金単価（但し、(i)再エネ特措法第6条第4項の変更認定を受けたことにより本発電設備について適用される調達価格が変更された場合には、当該変更後の調達価格によるものとし、(ii)再エネ特措法第3条第8項の規定により、本契約につき適用される調達価格が改定された場合には、かかる改定後の調達価格によるものとする。）を乗じて得た金額（1円未満の端数は切り捨てる。）とする。

電力量料金単価：○○円／kWhに、消費税及び地方消費
　　　税相当額を加算した金額

2．乙は、【検針日の属する月の【翌月／翌々月】○日（○日
　が金融機関の休業日の場合は翌営業日。以下「支払期日」
　という。）／検針日から○日経過する日（○日が金融機関の休
　業日の場合は翌営業日。以下「支払期日」という。)】まで
　に、甲が別途指定する預金口座への振込により甲に支払う。
3．前項の支払いが支払期日までに行われない場合には、支払
　期日の翌日（同日を含む。）から支払いの日（同日を含む。）
　まで年率○％【注：支払の遅滞により、甲に損害が生じる範
　囲内の割合で記入。】（1年を365日とする日割計算により、
　1円未満の端数は切り捨てる。）の割合による遅延損害金を
　加算して、乙から甲へ支払うものとする。但し、甲の責めに
　帰すべき事由による場合については、この限りではない。

【解説】

1．第1項

電気事業者が特定供給者から調達した電気に関して、電気事業者が支払う料金に関して定めている。

電力量料金単価の「○○円／kWh」には、再エネ特措法上の法定の調達価格を規定することを前提としている。

ただし、(i)再エネ特措法6条4項の変更認定を受けたことにより本発電設備について適用される調達価格が変更された場合には、当該変更後の調達価格を適用し、(ii)再エネ特措法3条8項の規定により、本契約につき適用される調達価格が改定された場合には、かかる改定後の調達価格を適用する旨規定している。

なお、再エネ特措法3条8項における「物価その他経済事情に著しい変動が生じ、又は生じるおそれがある場合」とは、急激なインフレやデフレのような事態を想定しており、同項に基づく価格の改定はきわめて例外的な場合に限定されると考えられている。

2．第2項

本項は、再エネ特措法4条1項、同法施行規則4条1項2号ハを

ふまえた規定である。

特定供給者は、電気事業者からの料金の支払に関して、「特定契約電気事業者による当該特定契約に基づき調達した再生可能エネルギー電気の毎月の代金の支払については、当該代金を算定するために行う検針の日から当該検針の日の翌日の属する月の翌月の末日（その日が銀行法第15条第１項に規定する休日である場合においては、その翌営業日）までの日の中から当該特定契約電気事業者が指定する日に、当該特定供給者の指定する一の預金又は貯金の口座に振り込む方法により行うこと。」を特定契約の内容とすることに同意しなければならない（再エネ特措法４条１項、同法施行規則４条１項２号ハ）。

3．第３項

電気事業者による料金の支払が遅滞した場合の遅延損害金に関して定めている（PA52頁97番参照）。

なお、金銭の給付を目的とする債務の不履行については、債務者は、不可抗力免責を主張できない（民法419条３項参照）。

第１.５条（他の電気事業者への電気の供給）

１．甲は、本発電設備において発電する電気のうち受給電力以外について、乙以外の電気事業者に供給（一般社団法人日本卸電力取引所又は将来において設立される卸電力取引所を通じた供給を含む。）することができる。

２．甲は、乙以外の電気事業者との間で、特定契約を締結し、又はその申込みをしている場合には、別途乙及び当該乙以外の電気事業者にそれぞれ供給する予定の一日当たりの再生可能エネルギー電気の量（以下「予定供給量」という。）又は予定供給量の算定方法（予定供給量を具体的に定めることができる方法に限る。）をあらかじめ定めるものとする。

３．甲は、本契約に基づく受給電力の供給を行う各日（以下「供給日」という。）の前日の〇時以降、前項に基づき通知した予定供給量又はその算定方法を変更してはならない。

４．前二項に定めるほか、甲が本発電設備において発電する電気を乙及び乙以外の電気事業者に供給するために必要な事項

については、別途甲乙間で誠実に協議の上定めるものとする。
5．甲は、予定供給量をあらかじめ定めた場合において実際の供給量と予定供給量が異なった場合（実際の供給量が0となった場合を含む。）であっても、乙に対し、損害賠償その他一切の支払義務を負わないものとする。

【解説】
1．第1項
　特定供給者は、特定の電気事業者に対する排他的供給義務を負っていないため（PA47頁38番）、本契約の期間中であっても、他の電気事業者や卸電力取引所に電力を供給することができる旨を定めている。
2．第2項から第4項まで
　第2項および第3項は、再エネ特措法4条1項、同法施行規則4条1項2号へをふまえた規定である。
　すなわち、特定供給者が、特定の電気事業者以外の電気事業者との間でも特定契約を締結して電力を供給する場合、特定供給者は、①当該特定供給者が、それぞれの電気事業者ごとに供給する予定の1日当りの再生可能エネルギー電気の量（以下「予定供給量」）または予定供給量の算定方法（予定供給量を具体的に定めることができる方法に限る。②において同じ）をあらかじめ定めること、②再生可能エネルギー電気の供給が行われる前日における特定契約電気事業者が指定する時以後、あらかじめ定めた予定供給量または予定供給量の算定方法の変更を行わないこと、について特定契約に定めることについて同意しなければならない（再エネ特措法4条1項、同法施行規則4条1項2号へ）。
　第4項は、他の電気事業者への供給をする際における細則については別途協議のうえ決定する旨定めている。
3．第5項
　本項は、特定供給者は、他の電気事業者へ電気を供給する場合であっても、数量的供給義務を負っていないため（PA46頁37番）、損害賠償その他いっさいの支払義務を負わないことを確認的に規定し

たものである。

ただし、特定契約と接続の相手が異なる者との間における特定契約においては、振替補給費用を、特定契約を締結する相手方である電気事業者に支払わなければならない場合もありうる（再エネ特措法4条1項、同法施行規則4条1項2号ホ）ことに留意する必要がある。

第2章　系統連系に関する事項

第2.1条（系統連系に関する基本事項）
　甲は、本発電設備と乙の電力系統との連系につき、電気設備に関する技術基準を定める省令（平成9年通商産業省令第52号、その後の改正を含む。）、電気設備の技術基準の解釈、電力品質確保に係る系統連系技術要件ガイドラインのほか、監督官庁、業界団体又は乙が定める系統連系に関係する業務の取扱いや技術要件に関する規程等を遵守するものとする。但し、かかる規程等と本契約の規定に齟齬が生じた場合には、適用法令（甲若しくは乙又は本契約に基づく取引につき適用される条約、法律、政令、省令、規則、告示、判決、決定、仲裁判断、通達及び関係当局により公表されたガイドライン・解釈指針等をいう。以下同じ。）に抵触しない限り、本契約の規定が優先するものとする。

【解説】

本発電設備と電気事業者の電力系統の連系に関して、以下の「監督官庁が定める規程」（=「適用法令」）、「業界団体が定める規程」、「乙が定める規程」を遵守する旨定めている。ただし、本契約と以下の規程との間に齟齬がある場合には、「適用法令」に抵触しない限り、本契約の規定が優先する旨定めている。

1．「監督官庁が定める規程」＝「適用法令」
　① 電気設備に関する技術基準を定める省令（平成9年通商産業省令第52号）
　② 電気設備の技術基準の解釈（原子力安全・保安院）：①の詳

細を規定
③ 電力品質確保に係る系統連系技術要件ガイドライン(資源エネルギー庁)
2.「業界団体が定める規程」
① 「系統連系規程」(社団法人日本電気協会)
② 「電力系統利用協議会ルール」(一般社団法人電力系統利用協議会)
＊電気事業法94条1号において、「送配電等業務支援機関」は、「送配電等業務の実施に関する基本的な指針」を策定することとされており、これに基づくもの。
3.「乙が定める規程」
　各一般電気事業者は、各電力系統利用協議会ルール等をふまえ、公平性・透明性を確保することを目的に、それぞれ系統連系に関する規程を策定している。

第2.2条（乙による系統連系のための工事）

1. 乙は、本発電設備を乙の電力系統に連系するため、次の各号に掲げる工事の具体的内容及びその理由、甲に負担を求める概算工事費及びその算定根拠、所要工期並びに甲において必要となる対策等を、合理的な根拠を示して甲に書面にて通知し、甲の同意を得た上で当該工事を行うものとする。この場合、甲は乙に対し、必要な説明及び資料の提示並びに協議を求めることができるものとする。
   (i) 電源線（電気事業者による再生可能エネルギーの調達に関する特別措置法施行規則（平成24年経済産業省令第46号、その後の改正を含み、以下「施行規則」という。）第5条第1項第1号に定める意味による。）の設置又は変更
   (ii) 本発電設備と被接続先電気工作物（施行規則第5条第1項第2号に定める意味による。）との間に設置される変圧器等の電圧の調整装置の設置、改造又は取替え
   (iii) 電力量計の設置又は取替え
   (iv) 本発電設備と被接続先電気工作物との間に設置される乙が本発電設備を監視、保護若しくは制御するために必要な

設備又は甲が乙と通信するために必要な設備の設置、改造又は取替え

2．乙は、前項に掲げる工事のほか、本発電設備を乙の電力系統に連系するための電力系統の増強その他必要な設備の工事であって、甲を原因者とする工事について必要と認めるときは、その工事が甲を原因者とするものであること、工事の具体的内容及びその理由、甲に負担を求める概算工事費及びその算定根拠、所要工期並びに甲において必要となる対策等を甲に書面にて通知し、甲の同意を得た上で当該工事を行うものとする。甲は、乙に対し、必要な説明及び資料の提示並びに協議を求めることができるものとする。

3．甲は、前二項に基づき乙が行う工事（以下、総称して「本件工事」という。）の内容に同意した場合には、甲が同意した金額（以下「工事費負担金」という。）を、別途甲乙間で締結する工事費負担金に関する契約に従い、乙が別途指定する口座宛に入金するものとする。【乙は、本項に従い工事費負担金が入金されたことを確認した後、本件工事に着手するものとする。〔工事費負担金入金前に工事に着手する場合は削除。〕】

4．乙は、本条第1項及び第2項に基づき甲の同意を得た内容に従い、本件工事を○年○月○日（以下「竣工予定日」という。）までに完了させるものとする。乙は、別途甲乙間で合意したところに従い、甲に対し、本件工事に必要な用地の取得状況その他本件工事の進捗状況を報告するものとし、本件工事が竣工予定日までに完了しなかったことにより甲に損害等が生じた場合には、これを賠償するものとする。但し、乙は、天災事変その他乙の責めによらない理由により本件工事の工程の遅延が生じる場合には、遅滞なくこれを甲に通知して、竣工予定日の延期を求めることができるものとする。この場合、甲は、合理的な理由なく当該延期の請求にかかる承認を拒絶、留保又は遅延しないものとするが、乙に対し、その工程の遅延の原因や新たな竣工予定日等必要な説明及び資料の提示並びに協議を求めることができるものとする。な

お、甲がかかる竣工予定日の延期を承認した場合には、竣工予定日は当該承認内容に従い変更されるものとする。
5．前項但し書きの規定にかかわらず、乙は、天災事変その他乙の責めによらない理由により、甲の同意を得た内容に従った本件工事の遂行が著しく困難であることが判明した場合、速やかにその旨を甲に対し通知するとともに、本件工事に係る工事設計の変更が必要と考える場合には、その旨及び必要な変更の内容を甲に通知するものとする。この場合、甲及び乙は、工事設計内容の変更を含む善後策について、誠実に協議するものとする。
6．乙が本件工事に着手した後、甲が本発電設備に係る発電の計画の内容を変更する場合には、甲は事前に乙に協議を求めるものとし、かかる計画の変更により乙に損害等が発生した場合、甲は乙に対し、これを賠償するものとする。
7．乙は、本件工事に要する費用が工事費負担金の額を上回ることが見込まれる場合、又は本件工事に要する費用が工事費負担金の額を上回った場合には、速やかにその理由、甲に負担を求める金額及びその算定根拠を甲に通知し、増加額についての同意を求めるものとする。甲は、当該増加額が乙の責めに帰すべき事由によって生じた場合を除き、合理的な理由なく当該同意を拒絶、留保又は遅延しないものとするが、乙に対し、必要な説明及び資料の提示並びに協議を求めることができるものとする。
8．本件工事に要した費用が、(i)工事費負担金の額を上回った場合には、前項に従い、当該増加額についての同意を拒絶、留保又は遅延することにつき合理的な理由がある場合を除き、甲は前項に基づく乙の請求に従い、直ちに不足額を乙に支払うものとし、(ii)工事費負担金の額を下回った場合には、乙は、本件工事竣工後遅滞なく、剰余額を甲に支払うものとする。

【解説】
　本条（第2.2条）は、電気事業者が系統連系のための工事をす

ることを前提とした規定であり、次条（第2．3条）は、特定供給者が系統連系のための工事をすることを前提とした規定である。

本条は、資金調達の便宜の観点から、工事着工前の契約締結を前提としている。

1．第1項

本項は、再エネ特措法5条1項1号、同法施行規則5条1項および2項をふまえた規定である。

特定供給者は、接続契約の締結にあたって、再エネ特措法施行規則5条1項各号に定める費用を負担しなければならない（再エネ特措法5条1項1号、同法施行規則5条1項各号）。特定供給者から接続の請求があった場合、電気事業者は当該特定供給者に書面によりかかる費用の内容および積算の基礎が合理的なものであることならびに当該費用が必要であることの合理的な根拠を示さなければならない（再エネ特措法施行規則5条2項）。

2．第2項

本項は、再エネ特措法施行規則6条5号（当該接続により接続希望地点における送電可能な容量を超えることが合理的に見込まれる場合）または6号（電気事業者が年間30日の限度で補償なく行うことができる出力抑制を行ったとしてもなお、電気事業者が受け入れることが可能な電気の量を超えた電気の供給を受けることとなることが合理的に見込まれる場合）に基づく接続拒否を回避するために必要な費用を特定供給者が負担する場合を想定している。

ただし、特定供給者が無限定に費用負担しなければならないわけではなく、特定供給者が原因者である場合に限定する趣旨である。

なお、特定供給者が負担しない場合に電気事業者が再エネ特措法5条1項1号に基づき拒否できる「接続に必要な費用」については、電気事業者の既存系統の変更や送配電線の張替費用（支柱物を含む）は含まれていない。この場合、法令上、送電可能な量を超えることが合理的に見込まれる場合に当たるかどうか（再エネ特措法施行規則6条5号または6号に該当するかどうか）の判断となる（PA55頁126番）。

3．第3項

特定供給者が負担する工事費負担金は、現在の実務に合わせて前

払いを原則としている。ただし、場合によっては実費弁済の合意を行ったうえで先行的に工事に着工することもある。本契約自体が実費弁済の合意を包含している。

4．第4項

乙による系統連系工事の完了日を定め、遅延した場合における損害賠償責任および電気事業者の責めによらない理由による遅延の場合、竣工予定日の延長を求めることができる旨規定している。系統連系工事の遅延により、受給開始日が遅れる場合には、第1.2条第4項（受給開始日の遅延により当事者に損害が生じた場合の賠償義務）も適用される。

5．第5項

天災事変その他の電気事業者の責めによらない理由により、本件工事の遂行が著しく困難であることが判明した場合、すみやかに報告し、その場合の善後策について誠実に協議する旨を規定している。

6．第6項

本件工事着工後、本発電設備に係る発電の計画の内容を特定供給者が変更する場合には事前に協議をすること、および損害が生じた場合の賠償義務を規定している。

7．第7項

「本件工事に要する費用」が「工事費負担金の額」を上回ることが見込まれる場合、または「本件工事に要する費用」が「工事費負担金の額」を上回った場合に、電気事業者が、すみやかにその理由、特定供給者に負担を求める金額およびその算定根拠を特定供給者に通知し、増加額についての同意を求める旨について規定している。

特定供給者は、当該増加額が電気事業者の責めに帰すべき事由によって生じた場合を除き、合理的な理由なく当該同意を拒絶、留保または遅延しないこととされている。ただし、特定供給者は電気事業者に対し、必要な説明および資料の提示ならびに協議を求めることができる旨定めている。

8．第8項

「本件工事に要した費用」が、「工事費負担金の額」を上回った場

合には、第7項に従い、当該増加額についての同意を拒絶、留保または遅延することにつき合理的な理由がある場合を除き、特定供給者は第7項に基づく電気事業者の請求に従い、直ちに不足額を電気事業者に支払うものとされている。

他方、「本件工事に要した費用」が、「工事費負担金の額」を下回った場合には、電気事業者は、本件工事竣工後遅滞なく、剰余額を特定供給者に支払うものとされている。

第2.3条（甲による系統連系のための工事）
1. 甲は、本発電設備を乙の電力系統に連系するために必要な工事（本件工事を除く。）及び本発電設備の設置工事を〇年〇月〇日までに完了する。上記期限までにこれらの設置工事を完了することができない場合には、甲及び乙は、当該期限の延期につき、誠実に協議するものとする。
2. 前項に定める設置工事に要する費用は、甲の負担とする。
3. 甲が本発電設備において発電する電力の受給に必要な系統連系のために設置した設備（以下「系統連系設備」という。）の所有権は、甲に帰属するものとする。
4. 系統連系設備の仕様については、適用法令に抵触しない限り、系統連系に関係する業務の取扱いや技術要件について乙が公表する規程等に基づき、乙と協議の上決定するところに従うものとする。

【解説】

本条は、特定供給者が行う、本発電設備を電気事業者の電力系統に連系するために必要な工事（第2.2条第1項および第2項に掲げる工事〈本件工事〉を除く。）に関する規定である。

第2.2条（乙による系統連系のための工事）よりも簡素なのは、①電気事業者はすでに工事負担金の支払を受けているため定期的な報告等は不要であること、②特定供給者による工事のスケジュールについては第6.3条第1項に基づき提出され、また、特定供給者のスケジュールに重大な変更が生じる場合には、特定供給者に第6.3条第2項に基づく報告義務を課しており、特段それ以上の規

定は不要と考えられるためである。

> ○連系工事の主体について
> 　「本発電設備から電気事業者の送配電線・変電所までの工事」は、両者の協議により決定されるが、一般的には、太陽光発電設備は電気事業者、風力発電設備は特定供給者というケースが多い。
> 　これは、太陽光発電設備の場合は、系統の一部がすでにある場所または将来的に系統の一部として使用する可能性がある場所に設置されることが多く、他方、風力発電設備の場合は、発電設備から電気を送電するための専用線以外の使い道がほとんど考えられない場所に設置されるケースが多いためである。
> 　もっとも、大規模なメガソーラー案件については、風力発電と同様の場所に設置されるため、風力と同様の扱いになりつつある。
> 　なお、「電気事業者の系統線・変電所の工事」は電気事業者によりなされる。

第3章　本発電設備等の運用に関する事項

第3.1条（給電運用に関する基本事項）
　甲及び乙は、本発電設備及び系統連系設備に係る給電運用の詳細（乙が、乙の定める給電運用及び配電系統運用に係る規程に基づき、電力の品質維持及び保守面から甲に対して行う給電指令（配電指令）の内容及び甲における対応その他の事項をいう。）について、別途誠実に協議の上、給電運用に関する協定書を締結するものとし、甲は、当該協定書に従い、本発電設備及び系統連系設備に係る給電運用を行うものとする。但し、当該協定書と本契約の規定の間に齟齬が生じた場合には、本契約の規定が優先するものとする。

【解説】

前2条の工事により本発電設備と電気事業者の電力系統が連系された後における本発電設備および系統連系設備に係る給電運用の詳細について、誠実に協議のうえ、別途協定書を締結することを定める。

本契約と協定書の間に齟齬があった場合、本契約の規定が優先する旨定める。

具体的には、出力抑制に関して、齟齬が生じる可能性がある点に留意する必要がある。

第3.2条（出力抑制）

1. 乙が、施行規則第6条第3号イに定める回避措置（同号において「当該接続請求電気事業者」とあるのは、「乙」と読み替える。以下同じ。）を講じたとしてもなお、乙の電気の供給量がその需要量を上回ることが見込まれる場合、甲は、乙の指示（原則として当該指示が出力の抑制を行う前日までに行われ、かつ、乙が自ら用いる太陽光発電設備及び風力発電設備の出力も本発電設備の出力と同様に抑制の対象としている場合に行われる指示に限る。）に従い、本発電設備の出力の抑制を行うものとし、甲は、かかる出力の抑制を行うために必要な体制を整備するものとする。甲は、乙からかかる出力の抑制（各年度（毎年4月1日から翌年の3月末日までをいう。）30日を超えない範囲内（本契約の締結日を含む年度については、○日【注：日割計算又は乙の出力抑制の頻度及び発生時期等を踏まえ合理的に算定された日数を記入。】を超えない範囲内。）で行われるものに限る。）の指示がなされた場合において、乙が甲に書面により、当該指示を行う前に回避措置を講じたこと、当該回避措置を講じてもなお乙の電気の供給量がその需要量を上回ると見込んだ合理的な理由及び当該指示が合理的であったことを、当該指示をした後遅滞なく示した場合には、当該出力の抑制により生じた損害の補償を、乙に対して求めないものとする。

2. 乙は、施行規則第6条第3号ロ(1)又は(2)に掲げる場合（乙

の責めに帰すべき事由によらない場合に限る。）には、本発電設備の出力の抑制を行うことができるものとする。甲は、乙が甲に書面により当該出力の抑制を行った合理的な理由を示した場合には、当該出力の抑制により生じた損害の補償を、乙に対して求めないものとする。
3．甲は、施行規則第6条第3号ハ(1)又は(2)に掲げる場合には、乙の指示に従い、本発電設備の出力の抑制を行うものとする。甲は、乙から当該出力の抑制の指示がなされた場合において、乙が甲に書面により当該指示を行った合理的な理由を示した場合には、当該出力の抑制により生じた損害の補償を、乙に対して求めないものとする。
4．本条第1項から前項までにおいて甲が当該出力の抑制により生じた損害の補償を乙に対して求めないものとされている場合以外の場合において、乙が行った本発電設備の出力の抑制、又は乙による指示に従って甲が行った本発電設備の出力の抑制により、甲に生じた損害について、甲は、乙に対し、当該出力の抑制を行わなかったとしたならば甲が乙に供給したであろうと認められる受給電力量に、電力量料金単価を乗じた金額を上限として、その補償を求めることができ、乙は、かかる補償を求められた場合には、これに応じなければならない。但し、本契約の締結時において、甲及び乙のいずれもが予想することができなかった特別の事情が生じたことにより本発電設備の出力の抑制を行い、又は、乙による指示に従って甲が本発電設備の出力の抑制を行った場合であって、当該特別の事情の発生が乙の責めに帰すべき事由によらないことが明らかな場合については、この限りでない。
5．前項に定める「当該出力の抑制を行わなかったとしたならば甲が乙に供給したであろうと認められる受給電力量」の算定は、【出力抑制が行われた日時における実際の【日射量/風速】を基礎として、本発電設備において同程度の【日射量/風速】であった場合の発電電力量として甲が合理的に算定した値、又は当該出力の抑制が行われた季節、時間における本発電設備の平均的な発電電力量として甲が合理的に算定した

値、その他甲が合理的に算定した値／甲及び乙協議の上合理的に算定した値】に従うものとする。甲は、前項に定める補償を乙に求めるに際し、当該算定の根拠資料を、乙に対して提示するものとする。
6．甲は、前二項に基づく補償金については、月単位で乙に請求するものとし、甲は出力抑制が行われた日の属する月の翌月〇日（以下「請求期限日」という。）までに乙に請求書を交付し、乙は同月〇日（〇日が金融機関の休業日の場合は翌営業日）までに第1.4条に定める料金の支払の方法に従い甲に支払うものとする。但し、請求期限日までに甲が請求書を乙へ交付しなかった場合は、乙は請求書の受領後10営業日以内に支払うものとする。
7．乙は、本発電設備の出力の抑制を行い、又は甲に対し当該出力の抑制の指示を行った場合には、可能な限り速やかに、当該出力の抑制の原因となった事由を解消し、甲からの受給電力の受電を回復するよう努めるものとする。

【解説】

本条は、出力抑制について、再エネ特措法5条1項3号、同法施行規則6条3号イからニまでの内容をふまえて規定したものである。

なお、「出力抑制」は、発電設備を電力系統と解列することも含んだ概念である。

再エネ特措法施行規則6条3号にいう出力の抑制とは、①電気事業者の指示に基づき特定供給者が行うもの、または②電気事業者が直接行うものをいうため、発電設備の電圧が一時的に上昇または低下したことにより、発電設備が自動的に電圧を調整する場合は含まれない。

1．第1項

本項は、再エネ特措法施行規則6条3号イをふまえた規定である。

同規定は、500kW以上の太陽光発電設備および風力発電設備の場合にのみ規定すべき内容であり、モデル契約書をそれ以外の再生

可能エネルギー発電に使用する場合には本項を削除することになる。

再エネ特措法施行規則6条3号イでは、電気の供給量が需要量を上回ることが見込まれる場合であって、接続請求電気事業者が下記の回避措置を講じたうえで、年30日を上限として、500kW以上の太陽光発電設備および風力発電設備を用いる特定供給者の供給する再生可能エネルギー電気を補償措置なく抑制することができること等について契約内容とすることを、特定供給者があらかじめ同意しない場合が接続契約の拒否事由とされている。

【回避措置】
(i) 一般電気事業者が保有する発電設備（原子力発電設備、揚水式以外の水力発電設備及び地熱発電設備を除く。）の出力抑制
(ii) 卸電力取引所を活用する等、需要量を上回ると見込まれる供給電力を売電するための措置

この場合、当該接続請求電気事業者は、これらの回避措置を講じたとしても、なお電気の供給量が需要量を上回ることが見込まれると判断した合理的な理由および当該指示が合理的なものであったことを、当該指示をした後遅滞なく示さなければならない。

2．第2項

本項は、再エネ特措法施行規則6条3号ロをふまえた規定である。

再エネ特措法施行規則6条3号ロでは、以下の(i)または(ii)に掲げる場合（接続請求電気事業者の責めに帰すべき事由によらない場合に限る。）には、当該接続請求電気事業者が当該特定供給者の認定発電設備の出力の抑制を行うことができること、および当該接続請求電気事業者が、書面により当該抑制を行った合理的な理由を示した場合には、当該抑制により生じた損害の補償を求めないことについて契約内容とすることを、特定供給者があらかじめ同意しない場合が接続契約の拒否事由とされている。

> (i) 天災事変により、被接続先電気工作物の故障又は故障を防止するための装置の作動により停止した場合
> (ii) 人若しくは物が被接続先電気工作物に接触した場合又は被接続先電気工作物に接近した人の生命及び身体を保護する必要がある場合において、当該接続請求電気事業者が被接続先電気工作物に対する電気の供給を停止した場合

3. 第3項

本項は、再エネ特措法施行規則6条3号ハをふまえた規定である。

再エネ特措法施行規則6条3号ハでは、以下の(i)または(ii)に掲げる場合には、当該接続請求電気事業者が当該特定供給者の認定発電設備の出力の抑制を行うことができること、および当該接続請求電気事業者が、書面により当該抑制を行った合理的な理由を示した場合には、当該抑制により生じた損害の補償を求めないことについて契約内容とすることを、特定供給者があらかじめ同意しない場合が接続契約の拒否事由とされている。

> (i) 被接続先電気工作物の定期的な点検を行うため、異常を探知した場合における臨時の点検を行うため又はそれらの結果に基づき必要となる被接続先電気工作物の修理を行うため必要最小限度の範囲で当該接続請求電気事業者が被接続先電気工作物に対する電気の供給を停止又は抑制する場合
> (ii) 当該特定供給者以外の者が用いる電気工作物と被接続先電気工作物とを電気的に接続する工事を行うため必要最小限度の範囲で当該接続請求電気事業者が被接続先電気工作物に対する電気の供給を停止又は抑制する場合

4. 第4項

本項は、再エネ特措法施行規則6条3号ニをふまえた規定である。

再エネ特措法施行規則6条3号ニでは、同号イからハ以外で行う

出力抑制（上記1～3参照）については、接続請求電気事業者が保有する発電設備（原子力発電設備、揚水式以外の水力発電設備および地熱発電設備を除く）の出力抑制などの同号イ（上記1参照）で掲げた「回避措置」を講じたうえであることを条件として、出力抑制をすることについて契約内容とすることを、特定供給者があらかじめ同意しない場合が接続契約の拒否事由とされている。

ただし、この場合は、当該特定供給者に対しその出力抑制がなければ得られたはずの売電収入相当額の補償措置を行うことを条件とする。

当該特定供給者および当該接続請求電気事業者の双方にとりまったく予想外の事態が生じ、かつ、当該事態が当該接続請求電気事業者の責めに帰すべき事由によらないことが明らかな場合は、この限りでない。

5．第5項

本項は、再エネ特措法施行規則6条3号ニにおける補償が必要となる出力抑制の補償額（上記4参照）の算定方法について規定している。合理的な算定ができない事業者がいる場合を考慮し、「協議の上合理的に算定した値」も選択肢の一つとしている。

6．第6項

本項は、再エネ特措法施行規則6条3号ニに基づく出力抑制がなされた場合（上記4、5参照）において、電気事業者から特定供給者への補償金の支払について、第1.4条に定める料金の支払の方法に従うこととして、出力抑制がなされなかった場合と同様のキャッシュフローを確保しようとする規定である。

7．第7項

本項は、電気事業者に、出力の抑制を必要最小限度にとどめる努力義務を課す訓示的規定である。

第4章 本発電設備等の保守・保安、変更等に関する事項

第4.1条（本発電設備等の管理・補修等）

1．電気工作物の責任分界点は、以下のとおりとする。責任分界点より甲側の電気工作物については甲が、乙側の電気工作

物については乙が、自らの責任と負担において管理及び補修を行うものとする。

　　　　　　　責任分界点：○○

2．甲は、甲が保有する本発電設備又は系統連系設備に関して甲が建設・所有する一切の施設及び設備について、必要な地元交渉、法手続、環境対策及び保守等を、自らの責任で行うものとする。但し、乙が自らの責任で行うと認めたものについては、この限りでない。
3．前二項に定めるほか、本契約に基づく電力受給に関する設備の保守・保安等の取扱いについては、別途甲乙間で締結する協定書等によるものとする。但し、当該協定書等と本契約の規定に齟齬が生じた場合には、本契約の規定が優先するものとする。

【解説】

1．第1項

本項は、保守・保安責任に関する責任分界点についての規定である。責任分界点が、管理・保守主体に関する基準となる。法令の規定上はない用語であるが、責任分界点とは、電気設備の維持管理などについて、電気事業者と特定供給者の保安上の責任範囲を分けている点（場所）をいう。責任分界点は両者の協議により決定される。

2．第2項

本項は、特定供給者が保有する本発電設備または系統連系設備に関して特定供給者が建設・所有するいっさいの施設および設備についての、必要な地元交渉、法手続、環境対策および保守等については原則として特定供給者が行う旨定めている。

責任分界点の区分と所有区分は基本的にはパラレルに解されている。

3．第3項

本項は、本契約に基づく電力受給に関する設備の保守・保安等の

取扱いについては、別途協定書等による旨規定している。ただし、本契約と協定書等の間に齟齬があった場合には、本契約の規定が優先する旨定めている。

> **第4.2条（電力受給上の協力）**
> 1. 甲は、乙における安定供給及び電力の品質維持に必要な本発電設備に関する情報を乙に提供するものとし、その具体的内容については別途甲乙間で合意するものとする。
> 2. 前項に定めるほか、甲及び乙は、受給電力の受給を円滑に行うため、電圧、周波数及び力率を正常な値に保つ等、相互に協力するものとする。
> 3. 本件工事及び第2.3条第1項に定める工事が完了し、本発電設備と乙の電力系統との接続が一旦確立された後においては、乙は、乙の電力系統の増強その他必要な措置に係る費用の負担を甲に対して求めることができないものとする。但し、別途甲乙間で合意した場合、又は第4.5条第2項に掲げる場合はこの限りではない。

【解説】
1. 第1項
　本項は、特定供給者が、電気事業者に対して、電力の安定供給および電力の品質維持に必要な本発電設備に関する情報を提供しなければならないこと、およびその具体的内容については別途合意で定める旨規定している。
2. 第2項
　本項は、特定供給者および電気事業者が、受給電力の受給を円滑に行うための相互の協力義務について規定している。
3. 第3項
　本項は、本発電設備と特定供給者の電力系統の接続がいったん確立された後は、系統安定化対策に関しては第一義的に電気事業者が責任を負う旨の規定である（PA69頁244番参照）。
　但し書の「別途甲乙間で合意した場合」とは、電気供給約款に基づく工事により負担が必要となる場合等が考えられる。第4.5条

第2項は、本発電設備の変更等により、電気事業者の電気工作物を変更する必要が生じる場合に特定供給者がその工事の費用を負担する場合について定める。

> **第4.3条（電気工作物の調査）**
> 1. 甲及び乙は、本契約に基づく電力受給に直接関係するそれぞれの電気工作物について、相手方から合理的な調査の要求を受けた場合は、通常の営業時間の範囲内で、かつ、当該電気工作物を用いた通常の業務の遂行に支障を及ぼすことのない態様で、その調査に応じるものとする。
> 2. 前項の規定にかかわらず、乙が保安のため必要と判断した場合には、乙（乙から委託を受けて保安業務を実施する者を含む。）は、本発電設備又は甲が維持し、及び運用する変電所若しくは開閉所が所在する土地に立ち入ることができるものとする。この場合、乙は甲に対し、緊急の場合を除き、あらかじめその旨を通知するものとする。

【解説】
1．第1項
　本項は電気工作物の調査について定める。電気工作物の調査については、電気事業者のみならず、特定供給者からも求めることが可能となるよう規定している。ただし、濫用的な調査にならないような時間および態様とする旨規定している。

2．第2項
　本項は、再エネ特措法5条1項3号、同法施行規則6条4号イを踏まえた規定である。

　再エネ特措法施行規則6条4号イは、接続請求電気事業者の従業員（当該接続請求電気事業者から委託を受けて保安業務を実施する者を含む）が、保安のため必要な場合に、当該特定供給者の認定発電設備または特定供給者が維持し、および運用する変電所もしくは開閉所が所在する土地に立ち入ることができることを定めることに特定供給者が同意しないことを接続契約の拒否事由としている。

　緊急の場合を除いて、立ち入りについては、事前通知することが

望ましいため、その旨もあわせて規定している。

> **第4.4条（本発電設備等の改善等）**
> 　乙は、甲からの受給電力が乙の電力安定供給若しくは電力品質に支障を及ぼし、又は支障を及ぼすおそれがあると合理的に判断する場合には、甲からの受給電力の受給を停止することができるものとする。なお、乙は甲に対し、第3.2条第4項の規定に従い甲に対し補償措置が必要な場合については、当該補償措置を行うものとする。また、乙は、甲に対し、本発電設備又は系統連系設備の改善の協議を求めることができるものとし、甲はその求めに応じ、乙と協議の上、その取扱いを決定するものとする。

【解説】
　本条は、電気事業者による特定供給者からの受給電力の受給の停止ができる場合と本発電設備等の改善の協議を求めることができる旨について定めている。
　もっとも、再エネ特措法上、いったん系統への連系が確立した後に、事後的な制限を許容する規定は、出力抑制に関する再エネ特措法施行規則6条3号のみ（第3.2条参照）であり、同号は、出力抑制については無限定に認めるが、一定の場合に補償を要する旨規定している（同号ニ）。本条のなお書きはこの点を明確化するものである。
　「電力安定供給若しくは電力品質に支障を及ぼし、又は支障を及ぼすおそれがあると合理的に判断する場合」との限定がついているのは、各電気事業者の再生可能エネルギーの買取りに関する契約要綱をふまえたものである。
　なお、再エネ特措法5条1項2号に規定される接続拒否事由（「当該電気事業者による電気の円滑な供給の確保に支障が生ずるおそれがあるとき」）は、認定発電設備と電力系統を最初に接続する場合における事由であり、接続後の出力抑制等の一時的な接続の制限については同項3号に基づく経済産業省令で許容される範囲・条件に限られるのであり、同項2号の規定に基づきこれらが行われる

ことは許容されない(PA68頁237番)。

> **第4.5条(本発電設備等の変更)**
> 1. 甲は、本発電設備又は系統連系設備に関し、【系統連系申込書及びその添付資料【注:電気事業者各社の名称に合わせ記入。】】に記載した技術的事項を変更する場合には、系統連系に関係する業務の取扱いや技術要件について乙が公表する規程等に基づき乙と協議し、乙の承諾を得た後にこれを行うものとする。
> 2. 前項の変更に伴い、乙の電気工作物を変更する必要が生じる場合には、甲は、第2.2条の規定に準じて乙との間で、工事費負担金に関する契約を締結し、その工事の費用を負担するものとする。
> 3. 本条第1項に掲げる場合を除き、甲は、乙の事前の承諾を得ることなく、本発電設備又は系統連系設備を変更することができる。但し、甲は、かかる変更をした場合、遅滞なく乙に対し通知するものとする。

【解説】
1. 第1項・第3項

第1項においては、いったん接続を確立した後においては、本発電設備または系統連系設備を変更する場合は、電力系統に悪影響が及ぶおそれがあるため、原則として電気事業者の承諾が必要とする旨規定している。

第3項においては、第1項に掲げる場合に該当しない軽微な変更については、事後通知で足りる旨をあわせて規定している。

2. 第2項

本項は、本発電設備または系統連系設備を変更する場合は、いったん接続を確立した後であっても、原因者負担の原則が妥当するため、特定供給者の負担とする旨規定している(第2.2条第2項参照)。

第5章　本契約の終了

第5.1条（解除）

1. 甲は、乙につき、以下のいずれかの事由が生じた場合には、乙に対する通知により、本契約又はこれに関連して締結された協定等（以下「本契約等」という。）を解除することができる。
   (1) 破産手続、民事再生手続、会社更生手続、特別清算若しくはその他の倒産関連法規に基づく手続（以下、総称して「倒産手続」という。）開始の申立て、又は解散の決議を行ったとき
   (2) 電気事業法（昭和39年法律第170号、その後の改正を含む。）に基づく電気事業者としての許可を取り消されたとき
   (3) 本契約に定める甲に対する金銭債務の履行を○日以上遅滞したとき
   (4) その他本契約等若しくは本契約等に基づく取引又はこれらに関する乙に係る適用法令の規定に違反し、甲が相当の期間を定めて催告したにもかかわらず、当該違反行為を改めない、又は止めないとき
   (5) 反社会的勢力（①暴力団（暴力団員による不当な行為の防止に関する法律（平成3年法律第77号、その後の改正を含み、以下「暴力団員による不当な行為の防止に関する法律」という。）第2条第2号に規定する暴力団をいう。以下同じ。）、②暴力団員（暴力団員による不当な行為の防止に関する法律第2条第6号に定める暴力団員をいう。以下同じ。）又は暴力団員でなくなった時から5年を経過しない者、③暴力団準構成員、④暴力団関係企業、⑤総会屋等、⑥社会運動等標榜ゴロ、⑦特殊知能暴力集団等、⑧その他①から⑦までに準じる者、⑨①から⑧までのいずれかに該当する者（以下「暴力団員等」という。）が経営を支配していると認められる関係を有する者、⑩暴力団員等が経営に実質的に関与していると認められる関係を有する

者、⑪自己、自社若しくは第三者の不正の利益を図る目的又は第三者に損害を加える目的をもってするなど、不当に暴力団員等を利用していると認められる関係を有する者、⑫暴力団員等に対して資金等を提供し、又は便宜を供与するなどの関与をしていると認められる関係を有する者、及び⑬役員又は経営に実質的に関与している者が暴力団員等と社会的に非難されるべき関係を有する者をいう。以下同じ。）となったとき
  (6) 自ら又は第三者を利用して反社会的行為（①暴力的な要求行為、②法的な責任を越えた不当な要求行為、③取引に関して、脅迫的な言動をし、又は暴力を用いる行為、④風説を流布し、偽計若しくは威力を用いて取引の相手の信用を毀損し、又はその業務を妨害する行為、及び⑤その他上記①から④までに準ずる行為をいう。以下同じ。）を行ったとき
2．前項に基づき、甲が本契約等を解除した場合、乙は、当該解除により甲に生じた損害等を賠償するものとする。
3．甲は、本条第1項に定める場合のほか、乙に対する○日前までの通知により、任意に本契約等を解除することができる。但し、甲は乙に対し、当該解除により乙に生じた損害等を賠償するものとする。
4．乙は、甲につき、以下のいずれかの事由が生じた場合には、甲に対する通知により、本契約等を解除することができる。
  (1) 倒産手続開始の申立て、又は解散の決議を行ったとき
  (2) 本発電設備における発電事業の継続ができなくなったとき
  (3) 本契約等若しくは本契約等に基づく取引又はこれらに関する甲に係る適用法令の規定に違反し、乙が相当の期間を定めて催告したにもかかわらず、当該違反行為を改めない、又は止めないとき
  (4) 反社会的勢力となったとき
  (5) 自ら又は第三者を利用して反社会的行為を行ったとき

> 5．前項に基づき、乙が本契約等を解除した場合、甲は、当該解除により乙に生じた損害等を賠償するものとする。

【解説】

1．第1項

本項では、特定供給者が行う本契約等の解除の場面における解除事由として、一般的に想定される解除事由を列挙している。

第1項第5号・第6号においては、いわゆる暴力団排除条項（反社会的勢力排除条項）が定められているが、「反社会的勢力」（第1項第5号）および「反社会的行為」（第1項第6号）については、平成23年6月2日の一般社団法人全国銀行協会の「融資取引および当座勘定取引における暴力団排除条項参考例」[71]を参照して規定されている。

2．第2項

本項では、第1項に基づく解除事由については電気事業者の責めに帰すべき事由が認められることからあわせて損害賠償責任について規定している。

3．第3項

本項において、特定供給者は、任意に本契約等を解除できることとされている。これは、再エネ特措法上、特定供給者が一方的に契約を解除することができることには特段制限がない（PA50～51頁71～78番）ことをふまえたものである。

ただし、電気事業者の不利益を考慮し、事前の通知と解除により生じた損害を賠償する旨定めている。

4．第4項

本項では電気事業者による本契約等の解除事由について定めている。

規定の衡平性の観点から、本条第1項の特定供給者による本契約等の解除事由とほぼ同じ解除事由を定めている。

電気事業者による解除が幅広く認められると、特定契約・接続契約の拒否事由を限定列挙した意義が没却されるため、特定供給者の

---

[71] http://www.zenginkyo.or.jp/news/2011/06/02150000.html

責めに帰すべき事由が認められる場面について限定列挙している。
5．第5項
　第4項の解除事由は特定供給者の責めに帰すべき事由が認められる場合が列挙されているため、損害賠償義務についても定めている。

> **第5.2条（設備の撤去）**
> 　本契約が終了した場合における本発電設備その他の本契約に基づき設置された電気工作物の撤去を行う場合については、第4.1条第1項に定める責任分界点より甲側の電気工作物については甲が、乙側の電気工作物については乙が、それぞれその撤去費用を負担する義務を負うものとする。但し、本契約の終了が甲又は乙いずれかの責めに帰すべき事由による場合には、当該有責当事者がその撤去費用を負担する義務を負うものとする。

【解説】
　本契約が終了した場合において、本契約に基づいて設置された電気工作物の撤去を行う場合は、原則として、責任分界点（第4.1条第1項参照）を基準として、本契約の終了がいずれかの責めに帰すべき事由による場合は、当該有責当事者が撤去費用を負担する旨規定している。

第6章　表明・保証、損害賠償、遵守事項

> **第6.1条（表明及び保証）**
> 1．乙は、甲に対し、本契約締結日において、以下の事項が真実かつ正確であることを表明し、保証する。
> (1) （適法な設立、有効な存続）
> 　乙は、日本法に準拠して適法に設立され、有効に存在する株式会社であること。
> (2) （権利能力）
> 　乙は、自己の財産を所有し、現在従事している事業を執り

行い、かつ、本契約を締結し、本契約に基づく義務を履行するために必要とされる完全な権能及び権利を有していること。

(3)（授権手続）

乙による本契約の締結及び履行は、乙の会社の目的の範囲内の行為であり、乙はこれらについて適用法令、乙の定款その他の社内規則において必要とされる全ての手続を完了しており、本契約に署名又は記名押印する者は、適用法令、乙の定款その他の社内規則で必要とされる手続に基づき、乙を代表して本契約に署名又は記名捺印する権限を付与されていること。

(4)（許認可等の取得）

乙は、本契約の締結及び履行並びに乙の事業遂行に必要とされる一切の許認可、届出、登録等（電気事業法に基づく許認可、届出、登録を含むが、これに限られない。）を関連する適用法令の規定に従い適法かつ有効に取得又は履践していること。

(5)（適用法令、内部規則及び他の契約との適合性）

乙による本契約の締結及び履行により、公的機関その他の第三者の許認可、承諾若しくは同意等又はそれらに対する通知等が要求されることはなく、かつ、乙による本契約の締結及び履行は、適用法令、乙の定款その他の内部規則、乙を当事者とする又は乙若しくは乙の財産を拘束し若しくはこれに影響を与える第三者との間の契約又は証書等に抵触又は違反するものではないこと。

(6)（訴訟・係争・行政処分の不存在）

【別紙○に掲げる場合を除き、】乙による本契約に基づく義務の履行に重大な悪影響を及ぼし、又は及ぼすおそれのある乙に対する判決、決定若しくは命令はなく、乙による本契約に基づく義務の履行に重大な悪影響を及ぼし、又は及ぼすおそれのある乙に対する訴訟、仲裁、調停、調査その他の法的手続又は行政手続が裁判所若しくは公的機関に係属し又は開始されておらず、乙の知る限り、提起又は開始

されるおそれもないこと。
(7) (電力系統の所有、使用権原)

本契約に基づき本発電設備が連系接続をする電力系統は、乙に帰属し、乙が使用権原を有していること。
(8) (資産状況)

乙の資産状況、経営状況又は財務状態について、本契約に基づく乙の義務の債務の履行に重大な悪影響を及ぼす事由が存在していないこと。
(9) (倒産手続の開始原因・申立原因の不存在)

乙は、支払停止、支払不能又は債務超過の状態ではないこと。乙につき、倒産手続、解散又は清算手続は係属していないこと。また、それらの手続は申し立てられておらず、乙の知り得る限り、それらの開始原因又は申立原因は存在していないこと。
(10) (反社会的勢力・反社会的行為に関する事項)

乙及び乙の役員（業務を執行する社員、取締役、執行役又はこれらに準ずる者をいう。）はいずれも反社会的勢力ではなく、乙及び乙の役員は、いずれも、自ら又は第三者を利用して反社会的行為を行っていないこと。

2. 甲は、乙に対し、本契約締結日において、以下の事項が真実かつ正確であることを表明し、保証する。
(1) (適法な設立、有効な存続)

甲は、日本法に準拠して適法に設立され、有効に存在する【株式会社】であること。
(2) (権利能力)

甲は、自己の財産を所有し、現在従事している事業を執り行い、かつ、本契約を締結し、本契約に基づく義務を履行するために必要とされる完全な権能及び権利を有していること。
(3) (授権手続)

甲による本契約の締結及び履行は、甲の会社の目的の範囲内の行為であり、甲はこれらについて適用法令、甲の定款その他の社内規則において必要とされる全ての手続を完了

しており、本契約に署名又は記名押印する者は、適用法令、甲の定款その他の社内規則で必要とされる手続に基づき、甲を代表して本契約に署名又は記名捺印する権限を付与されていること。
(4) (反社会的勢力・反社会的行為に関する事項)
甲及び甲の役員（業務を執行する社員、取締役、執行役又はこれらに準ずる者をいう。）はいずれも反社会的勢力ではなく、甲及び甲の役員は、いずれも、自ら又は第三者を利用して反社会的行為を行っていないこと。

【解説】
1．第1項
　本項は、電気事業者の特定供給者に対する表明・保証条項について定めている。
　特定供給者が金融機関や投資家からファイナンスを受ける場合、デューディリジェンスの実施の状況や、当該取引の根幹となる部分について、力関係にもよるが、電気事業者について表明・保証をすることが求められることが多いことが想定されるが、その前提としてデューディリジェンスコストを低減するために、電気事業者の表明・保証を求める必要がある。
　このような表明・保証条項は特定契約・接続契約の拒否事由には該当しないと考えられる（PA53頁99番参照）。
2．第2項
　本項は、特定供給者の電気事業者に対する表明・保証条項について規定している。
　電気事業者にとっては、本項第4号に規定する、暴力団排除条項については特定契約・接続契約の拒否事由に該当する（再エネ特措法4条1項・同法施行規則4条1項2号ニ、再エネ特措法5条1項3号・同法施行規則6条4号ロ）ために意義がある。
　しかし、それ以外の条項については、通常表明・保証を求める意義は乏しいと考えられるが、電気事業者が行う表明・保証規定との衡平の観点から、最低限の表明・保証を規定している。

第6.2条(損害賠償)
1. 乙による前条第1項に定める表明保証事項が真実に反し、若しくは不正確であること、又は乙が本契約のその他の規定に違反したことにより、甲が損害等を被った場合には、乙は甲に対し、これを賠償するものとする。
2. 甲による前条第2項に定める表明保証事項が真実に反し、若しくは不正確であること、又は甲が本契約のその他の規定に違反したことにより、乙が損害等を被った場合には、甲は乙に対し、これを賠償するものとする。

【解説】
1. 第1項

本項は、電気事業者による第6.1条第1項に定める表明・保証違反またはその他の本契約違反に基づく損害賠償について定めている。

損害の範囲については、民法416条の範囲を意味する。具体的には、①発電設備の完成前は、すでに費やした建設費、たとえば資金調達を行っている場合は、特定供給者がすでに費やした建設費、たとえば金融機関から資金調達を行っている場合は、特定供給者がすでに調達した借入金、出資金が一定の金利を付して償還することが可能な金額をいい、②発電設備の完成後は、調達期間の残存期間の売電収入から以後費やすことのなくなった操業費用を控除したものを意味する(PA52頁88番参照)。

2. 第2項

本項は、特定供給者による第6.2条第2項に定める表明・保証違反またはその他の本契約違反に基づく損害賠償について定めている。

損害の範囲については、第1項と同様の意味であるものの、特定供給者は、一定量の供給義務を負っていないため、電気事業者が発電されたのであれば得られたであろう利益、すなわち逸失利益は含まれず、電気事業者が、当該特定供給者に関して固有に費消した系統連系に関する電気工作物等の費用に限定される(PA52頁89番)。

> **第6.3条(プロジェクトのスケジュールに関する事項)**
> 1. 甲は、乙に対し、本発電設備に係る建設工事その他のプロジェクトに係るスケジュールを、【○年○月○日までに】提出するものとする。
> 2. 甲は、前項に基づき乙に提出済みのスケジュールに重大な変更が生じる場合には、変更内容及びその理由を速やかに乙に報告するものとする。

【解説】
1. 第1項
　本項は、特定供給者による本発電設備に係る建設工事その他のプロジェクトに関するスケジュールについては、電気事業者にとって一定の関心事項であることから、建設開始前に提出することとしている。
2. 第2項
　本項は、前項のスケジュールに重大な変更が生じる場合に、報告義務を課すものである。

第7章　雑　　則

> **第7.1条(守秘義務)**
> 1. 甲及び乙は、次の各号に該当する情報を除き、本契約の内容その他本契約に関する一切の事項及び本契約に関連して知り得た相手方に関する情報について、相手方の事前の書面による同意なくして、第三者に開示してはならない。但し、(a)適用法令に基づく官公庁又は費用負担調整機関からの開示要求に従ってこれを開示する場合、(b)甲が、甲の弁護士、公認会計士、税理士、アドバイザー等、又は○○【注:投資家及び貸付人等を想定。】及びその役員、従業員、弁護士、公認会計士、税理士、アドバイザー等に対して開示をする場合、並びに(c)乙が、乙の弁護士、公認会計士、税理士等、又は乙から委託を受けて本契約にかかる業務を実施する者(委託先

の役員及び従業員並びに再委託先等を含む。）に対して開示する場合は、この限りではない。但し、(b)又は(c)に基づく開示については、開示先が適用法令に基づき守秘義務を負う者である場合を除き、開示先に対し本条と同様の守秘義務を課すことを条件とする。
(i) 相手方から開示を受けた際、すでに自ら有していた情報又はすでに公知となっていた情報。
(ii) 相手方から開示を受けた後に、自らの責めによらず公知になった情報。
(iii) 秘密情報義務を負わない第三者から秘密保持の義務を負わずして入手した情報。
2．本条に基づく甲及び乙の義務は、本契約の終了後〇年間存続するものとする。

【解説】

本条は、守秘義務に関する一般的な規定である。

開示先である「〇〇」については、主として投資家および貸付人を想定しているが、それに限定されるわけではなく、必要となる開示先を列挙することも考えられる。

第7．2条（権利義務及び契約上の地位の譲渡）

甲及び乙は、相手方の事前の書面による同意を得た場合を除き、本契約等に定める自己の権利若しくは義務又は本契約等上の地位を第三者に譲渡し、担保に供し、又は承継させてはならないものとする。但し、甲が甲の資金調達先に対する担保として、本契約等に定める甲の乙に対する権利を譲渡すること又は本契約等に基づく地位の譲渡予約契約を締結すること及びこれらの担保権の実行により、本契約等に基づく甲の乙に対する権利又は甲の地位が担保権者又はその他の第三者（当該第三者（法人である場合にあっては、その役員又はその経営に関与している者を含む。）が、反社会的勢力に該当する者である場合を除く。）に移転することについて、乙は予め同意するものとする。なお、甲は、当該移転が生じた場合においては、遅滞な

く、移転の事実及び移転の相手方につき、乙に書面により通知するものとする。また、乙は、当該移転に際し、甲から当該移転に係る本項に基づく承諾についての書面の作成を求められた場合には、これに協力するものとする（但し、乙は、民法第468条第1項に定める異議を留めない承諾を行う義務を負うものではなく、また、当該書面の作成に係る費用は甲の負担とする。）。

【解説】
　契約上の権利義務や地位の譲渡については、相手方の事前の書面による承諾が必要とされるのが一般的である。
　もっとも、特定供給者が資金調達を行うためには、買取代金支払債権に関する担保設定または契約上の地位の譲渡予約等の担保設定およびこれらの担保の実行に伴う権利または契約上の地位の移転について、あらかじめ電気事業者の承諾を得ておくことが必要である。
　また、電気事業者にとっては債権譲渡は原則自由であること（民法466条1項）、および再エネ特措法上特定供給者に関して特段の資格要件を設けていないことから、これらを認めたとしても、特定契約本来の目的を超えて電気事業者の利益を不当に害するとはいえない。
　そこで、本条においては、特定供給者の資金調達先の担保として、契約上の権利義務や地位の譲渡、およびこれらに対する担保設定を行う場合は、電気事業者があらかじめ承諾する旨を規定している（ただし、反社会的勢力に該当する場合を除く）。また、担保権設定契約上、電気事業者が承諾に関する書面の作成を求められることがあるため、その点にも配慮している。
　ただし、以下の点に関する電気事業者の利益に配慮するため以下の内容を規定している。

① 当該移転が生じた場合、電気事業者に対し遅滞なくその事実を書面により通知すること。
　（理由）支払の相手方を明確にするという電気事業者の利益

に配慮するため。
② 電気事業者は、民法上の異議を留めない承諾を行う義務を負わないこと。
(理由) 債権譲渡に関し、電気事業者の抗弁権を確保するため。

第7.3条（本契約の優先性）

本契約に基づく取引に関する甲及び乙の本契約以外の契約、協定その他の合意並びに乙の定める規程等と、本契約の内容との間に齟齬が生じた場合には、適用法令に反しない限り、また、本契約の内容を変更又は修正する趣旨であることが明確に合意されたものである場合を除き、本契約の内容が優先するものとする。

【解説】

本条は、①適用法令に反しない限り、また、②本契約の内容を変更または修正する趣旨であることが明確に合意されたものでない限り、本契約の規定が優先される旨規定している。

第7.4条（契約の変更）

本契約は、甲及び乙の書面による合意によってのみ変更することができる。

【解説】

本条は、本契約は、両当事者の書面による合意によってのみ変更できる旨規定している。

各電気事業者の再エネ契約要綱では、「当社は、この要綱を変更することがあります」として、再エネ契約要綱を電気事業者の一存で変更できる旨規定しているのが通常であることに比して対照的である。

もっとも、各電気事業者の再エネ契約要綱の解説書においては、要綱の変更は、再エネ特措法その他の関係法令等に基づき変更が必

要な場合、この要綱の適用対象が変更となる場合、または系統連系の要件等技術的な事項もしくは受給契約に係る手続・運用上の取扱いについて変更が必要な場合に限られる旨規定されている。

第7.5条（準拠法、裁判管轄、言語）
1．本契約は、日本法に準拠し、これに従って解釈される。
2．甲及び乙は、本契約に関する一切の紛争について、○○地方裁判所を第一審の専属的合意管轄裁判所とすることに合意する。
3．本契約は、日本文を正文とする。

【解説】
本条は再エネ特措法4条1項2号・同法施行規則4条1項2号ト、同法5条1項3号・同法施行規則6条4号ハをふまえた規定である。

第7.6条（誠実協議）
本契約に定めのない事項又は本契約の解釈に関し当事者間に疑義が発生した場合には、甲及び乙は、再エネ特措法の趣旨を踏まえて、誠実に協議するものとする。

【解説】
本条は、本契約に定めのない事項や本契約の解釈に関し当事者間に疑義が生じた場合における誠実協議条項を定めている。

（以下余白）

以上を証するため、本契約の各当事者は頭書の日付において、本

書を2部作成し、記名、押印のうえ、甲および乙が各1部保有する。
　平成○年○月○日

　　　　　　　　甲：【所在地】
　　　　　　　　　　〔特定供給者〕
　　　　　　　　　　【捺印者】

　　　　　　　　乙：【所在地】
　　　　　　　　　　〔電気事業者〕
　　　　　　　　　　【捺印者】

② 債権譲渡担保権設定契約書

債権譲渡担保権設定契約書

　株式会社○○銀行（以下「譲渡担保権者」という。）及び●●（以下「譲渡担保権設定者」という。）は、第1条に定義する本件被担保債務を担保するために、第1条に定義する本件対象債権に【根担保として根】譲渡担保権を設定することに関連して、●年●月●日付にて、以下の約定によりこの債権譲渡担保権設定契約書（以下「本契約」という。）を締結する。

第1条（定義）
　次に掲げる各用語は、文脈上別義であることが明白である場合を除き、本契約において次に定める意味を有する。
(1) 「営業日」とは、法令等により銀行が休業することを認められている日以外の日で、かつ譲渡担保権者が現実に営業を行っている日をいう。
(2) 【「銀行取引約定書」とは、譲渡担保権者及び譲渡担保権設定者の間で締結した●年●月●日付【銀行取引約定書】（その後の変更を含む。）をいう。】
(3) 「原債務者」とは、●●電力会社をいう。
(4) 「再エネ法」とは、電気事業者による再生可能エネルギー電気の調達に関する特別措置法（平成23年法律第108号。その後の改正を含む。）をいう。
(5) 「接続契約」とは、【各】認定発電設備と原債務者の事業の用に供する変電用、送電用又は配電用の電気工作物とを電気的に接続するために譲渡担保権設定者と原債務者との間で締結した契約を【個別に又は総称して】いう。
(6) 「認定発電設備」とは、別紙1記載のとおり再エネ法第6条に基づき認定を受けた太陽光発電に係る【各】認定発電設備（再エネ法第3条第2項に定義する認定発電設備をいう。）を総称していう。

(7) 【「本件貸付契約」とは、譲渡担保権者及び譲渡担保権設定者の間で締結した●年●月●日付【金銭消費貸借契約】(その後の変更を含む。)をいう。】
(8) 「本件譲渡担保権」とは、本契約により設定される債権譲渡担保権をいう。
(9) 「本件譲渡担保権設定日」とは、●年●月●日をいう。
(10) 「本件対象契約」とは、別紙2記載の契約(その後の変更を含む。)を【個別に又は総称して】いう。
(11) 「本件対象債権」とは、本件対象契約に基づき譲渡担保権設定者が【●年●月●日を始期とし、●年●月●日を終期とする期間において】原債務者に対して有する債権及びこれに付帯する一切の権利を総称していう。
(12) 「本件被担保債権」とは、本件被担保債務に係る債権をいう。
(13) 「本件被担保債務」とは、【本件貸付契約／銀行取引約定書の適用のある融資取引等】に基づき譲渡担保権設定者が譲渡担保権者に対し現在及び将来負担する一切の債務(元本、利息及び遅延損害金に関する債務を含むが、これらに限られない。)を総称していう。

第2条(本件譲渡担保権の設定)

譲渡担保権設定者は、本件譲渡担保権設定日において、本件対象債権を、本件被担保債務を担保する目的で、【根担保として、】譲渡担保権者に譲渡する。

第3条(対抗要件の取得等)

1. 譲渡担保権設定者は、本件譲渡担保権設定日において速やかに、本件譲渡担保権の設定について、動産及び債権の譲渡の対抗要件に関する民法の特例等に関する法律(平成10年法律第104号。その後の改正を含む。以下「動産・債権譲渡特例法」という。)に基づく譲渡担保権設定登記(以下「譲渡担保権設定登記」という。)の申請を行うものとする(但し、譲渡担保権設定登記の存続期間は【●】年とする。)。

2．譲渡担保権設定者は、前項に基づく譲渡担保権設定登記申請後直ちに、当該登記申請書副本の写しを、譲渡担保権者に提出するものとし、当該登記完了後直ちに、動産・債権譲渡特例法第11条に定める登記事項証明書及び登記事項概要証明書を譲渡担保権者に提出するものとする。
3．譲渡担保権者は、本件被担保債務が期限の利益を喪失した場合又は譲渡担保権者が本件被担保債権の保全上必要と判断した場合にはいつでも、動産・債権譲渡特例法第4条第2項に従い、同法第11条2項に定める登記事項証明書を原債務者に交付して通知をすることができるものとする。譲渡担保権設定者は、譲渡担保権者の要請により、当該通知に関し必要な協力を行うものとする。
4．譲渡担保権設定者は、本契約締結日において、本件対象契約その他本件対象債権に関し原債務者と締結した契約書及び覚書等（以下「担保関連書類」と総称する。）の原本を譲渡担保権者に交付するものとする。
【また、譲渡担保権設定者は、本契約締結日までに、(i)接続契約の原本証明付写し（接続契約が本件対象契約と別に締結されている場合）、(ii)認定発電設備に係る再エネ法第6条第1項の認定を受けたことを証する書面の原本証明付写し、及び(iii)本件対象契約、接続契約及び認定発電設備に関して譲渡担保権者が合理的に要求する書類を譲渡担保権者に提出するものとする。】
5．譲渡担保権設定者は、本件譲渡担保権の設定登記及びその他の手続につき、譲渡担保権者の指示に従ってこれを行うものとし、本件譲渡担保権に関する登記手続に必要な一切の費用（司法書士費用等を含む。以下同じ。）及び公租公課は譲渡担保権設定者が負担するものとする。譲渡担保権者がかかる費用又は公租公課を支払った場合、譲渡担保権設定者は、譲渡担保権者から請求あり次第、譲渡担保権者に対し、当該費用相当額又は当該公租公課相当額を直ちに支払うものとする。

第4条（取立委任及び振込指定口座）
1. 譲渡担保権者は、譲渡担保権設定者に対し、無償にて本件対象債権の取立回収の業務を委託し、譲渡担保権設定者は譲渡担保権者の代理人として法令の許す範囲内において本契約に従いかかる業務を行うことを受託するものとする。
2. 譲渡担保権者は、譲渡担保権設定者に対して通知することにより、いつでも前項の取立委任を解除することができる。
3. 譲渡担保権設定者は、本契約で別途定める場合を除き、本件対象債権の支払については、本件対象契約において、本件対象債権についての支払を入金する口座として、下記の振込指定口座（以下「振込指定口座」という。）に指定するものとする。譲渡担保権設定者が原債務者よりかかる本件対象債権についての支払を振込指定口座への入金以外の方法により受領した場合、譲渡担保権設定者は、当該受領金を直ちに振込指定口座に入金しなければならない。

記

金融機関：●●銀行　●●支店
種　　類：●●
口座番号：●●
口座名義：●●

4. 譲渡担保権設定者は、譲渡担保権者の事前の書面による承諾なく、振込指定口座その他本件対象債権の回収方法を変更してはならないものとする。
5. 【譲渡担保権設定者は、譲渡担保権者の事前の書面による承諾なく、振込指定口座に入金された回収金を、本件被担保債務の弁済又は当該弁済に関し必要となる使用以外に使用してはならないものとする。】

第5条（本件譲渡担保権の実行）
1. 期限の到来又は期限の利益の喪失その他の事由によって、譲渡担保権設定者が本件被担保債務を履行しなければならない場合には、譲渡担保権者は、本件譲渡担保権の実行として、法定の手続に従った方法の他、本件対象債権を自ら行使

し、又は本件対象債権の行使に代えて法定の手続によらず、一般に相当と認められる価格により本件対象債権を処分し又は自ら取得し、受領した金銭（処分した場合）又は一般に相当と認められる価額（自ら取得した場合）から諸費用を差し引いた残額を、法定の順序にかかわらず、本件被担保債務の弁済に充当することができる。この場合、譲渡担保権者は、譲渡担保権設定者にその旨を速やかに通知する。また、譲渡担保権者が自ら取立回収する場合、譲渡担保権者は、法令等で許容される範囲において、必要に応じて適宜、原債務者との間で和解等による減額、免除等の合理的な措置を講ずることができ、譲渡担保権設定者は、これに何ら異議を述べないものとする。
2. 譲渡担保権設定者は、本契約をもって、譲渡担保権者に対し、前項に定める本件譲渡担保権の実行に必要な権限（第1項に定める処分代金の受領を含むが、これらに限られない。）を撤回不能のものとして付与するものとし、また、譲渡担保権者の指示に従い、かかる本件譲渡担保権の実行に必要な協力を行うものとする。
3. 第1項による本件被担保債務への弁済充当後、なお本件被担保債務につき譲渡担保権設定者に残債務が存在する場合には、譲渡担保権設定者は、直ちにこれを弁済する義務を負う。
4. 第1項により本件被担保債務への弁済充当がなされ、本件被担保債務が完済された後、第1項により行使若しくは処分されていない本件対象債権（以下「未処分対象債権」という。）が存在し、本件対象債権の行使により譲渡担保権者が取得した金銭以外のもので処分されていないもの（以下「未処分担保物等」という。）が存在し、又は本件対象債権の行使若しくは処分により譲渡担保権者が得た金銭に残余がある場合（当該金銭を、以下「残余金銭」という。）には、当該未処分対象債権及び当該未処分担保物等は譲渡担保権設定者に帰属し（譲渡担保権者は、当該帰属に係る対抗要件具備手続を行う。但し、対抗要件具備にかかる費用（司法書士費用

等を含む。以下同じ。)は譲渡担保権設定者の負担とする。)、また、譲渡担保権者は直ちに残余金銭を譲渡担保権設定者に支払うものとする(但し、振込手数料は譲渡担保権設定者の負担とする。)。

第6条(追加譲渡担保権の設定等)

　譲渡担保権設定者は、認定発電設備を追加で設置した場合で、譲渡担保権者から要請があった場合には、かかる要求に従い、【譲渡担保権者所定の様式による追加担保差入証を作成し譲渡担保権者に交付すること／譲渡担保権者所定の債権譲渡担保権設定契約書を締結すること】により、追加で設置した認定発電設備に関し、原債務者又はその他の電気事業者との間で締結した特定契約(再エネ法第4条第1項に規定する特定契約をいう。)に基づく譲渡担保権設定者の原債務者に対する現在及び将来の一切の債権(以下「追加債権」という。)を、本件被担保債務の履行を担保するための増担保として、譲渡担保権者に譲渡するものとする。

第7条(報告及び調査)

　譲渡担保権者は、本件被担保債権の保全上必要と認められるときは、本件対象債権に係る譲渡担保権設定者の帳簿その他関係書類、管理回収状況について、いつでも譲渡担保権設定者に提示、提出又は報告を求めることができる。譲渡担保権設定者は、譲渡担保権者からかかる報告の要求があった場合、合理的理由なくこれを拒むことができないものとし、法令等に反しない範囲でかかる要求に応じるものとする。

第8条(表明及び保証)

1. 譲渡担保権設定者は、本契約締結日及び本件譲渡担保権設定日において、以下の各号に掲げる事項が真実かつ正確であることを表明し、かつ、保証する。
   (1) 譲渡担保権設定者は、日本法に基づき適法に設立され、有効に存在する法人であること。

(2) 譲渡担保権設定者は、本契約に定められている規定を遵守・履行するのに必要な法律上の完全な権利能力及び行為能力を有しており、本契約に拘束されること。
(3) 本契約は、適法、有効かつ拘束力のある譲渡担保権設定者の債務を構成し、その条項に従い、譲渡担保権設定者に対する強制執行が可能であること。
(4) 譲渡担保権設定者は、本契約を締結・履行するために必要となる社内の承認手続を全て適法に完了していること。
(5) 譲渡担保権設定者は、本件譲渡担保権の設定について、その債権者に対し詐害の意図を有していないこと。
(6) 譲渡担保権設定者は、支払不能、支払停止又は債務超過に陥っておらず、譲渡担保権設定者が知り得る限り、本契約に基づく取引を実行することにより、支払不能、支払停止又は債務超過に陥るおそれもないこと。
(7) 譲渡担保権設定者による本契約の締結・履行に重大な影響を及ぼす訴訟・係争・行政処分が発生しておらず、譲渡担保権設定者が知り得る限り、発生するおそれもないこと。
(8) 譲渡担保権設定者について破産手続開始、民事再生手続開始、会社更生手続開始、特別清算開始若しくは特定調停手続の申立又はその他これらに類する日本国内外の倒産手続開始の申立がなされていないこと。
(9) 譲渡担保権設定者は解散しておらず、譲渡担保権設定者について解散を命ずる裁判又は解散する旨の株主総会の決議が行われていないこと。
2. 譲渡担保権設定者は、本契約締結日及び本件譲渡担保権設定日において、本件対象債権について、以下の各号に掲げる事項が真実かつ正確であることを表明し、かつ、保証する。
(1) 本件対象債権が適法かつ有効に成立しており、原債務者に対して強制執行可能であること。但し、本件対象債権のうち将来債権については、本件対象契約に従って適法かつ有効に発生した場合は、原債務者に対して強制執行可能であること。

(2) 本件対象債権に係る一切の権利、権原及び利益は、本契約に基づく担保権を除き、譲渡担保権設定者のみに帰属すること。
(3) 本件対象契約において本件対象債権の譲渡その他の処分を禁止又は制限する特約は付されておらず、譲渡担保権設定者と原債務者との間で本件対象債権について譲渡を禁止又は制限する特約を合意していないこと【又は、本契約に基づく譲渡について承諾を得ていること】。
(4) 本件対象債権に関し、譲渡担保権設定者が譲渡担保権者に対し開示した情報が全て真実であること。
(5) 本件対象債権に悪影響を及ぼすおそれのある処分(本件対象債権の内容の変更、免除若しくは放棄、又は第三者に対する譲渡、担保設定その他の処分等譲渡担保権者が完全な権利を取得するのに妨げとなる第三者の権利設定を含むが、これらに限られない。)又は将来そのような処分をするとの約束が行われていないこと。
(6) 本件対象債権に関し、将来債権の場合は将来発生する予定である事実を除き、無効原因、取消原因その他本件対象債権の有効性を否定し得る事実又は本件対象債権の有効性を疑わせるような事実がなく、本件対象債権の成立、存続、帰属又は行使について、いかなる訴訟、仲裁、調停及び行政上の手続も係属又は開始しておらず、そのおそれもないこと。
(7) 本件対象債権は、第三者による差押、仮差押、仮処分、本案訴訟における請求等、第三者による請求の対象となっておらず、そのおそれもないこと。
(8) 原債務者は、譲渡担保権設定者に対して相殺権その他の譲渡担保権設定者の請求を拒む根拠としての抗弁権を一切有しておらず、そのおそれもないこと。
3.前2項に定める表明及び保証のうちいずれかが真実又は正確でないことが判明したときは、譲渡担保権設定者は、直ちに譲渡担保権者に書面により通知するとともに、それにより譲渡担保権者に生じた損失、経費その他一切の損害(損害又

は損失を被らないようにするために支出した合理的な費用及び損害又は損失を回復するために支出した合理的な費用(弁護士費用を含む。)を含む。)を、譲渡担保権者の請求に従って、譲渡担保権者に対して支払うものとする。

第9条(誓約事項)
1. 譲渡担保権設定者は、本契約締結日以降全ての本件被担保債務が完済されるまでの間、以下の書類及び情報を、それぞれについて定められた期間内に譲渡担保権者に提出する。
   (1) 原債務者から受領した一定期間ごとの本件対象契約に基づく電力量計の検診結果及び料金算定結果:
   【受領後●営業日以内】
   (2) 前号の他、本件対象契約に基づく原債務者の支払債務に関連する事項について原債務者から書面による通知を受けた場合の通知:
   受領後【速やかに】
   (3) 譲渡担保権設定者の財務諸表を添付した事業報告書(税務申告書を含む):
   譲渡担保権設定者の各事業年度終了後3か月以内
   (4) 電気事業者による再生可能エネルギー電気の調達に関する特別措置法施行規則第12条第1項及び第2項に従い行政当局に提出した報告書の写し:
   提出後速やかに
   (5) 前号の他認定発電設備に関し再エネ法その他の法令に基づき又は行政当局の要請に従い行政当局に提出した届出書又は報告書(添付書類を含む)の写し:
   提出後速やかに
   (6) 前各号の他、譲渡担保権者が合理的に要求する書類又は情報:
   譲渡担保権者が合理的に要求する期間内
2. 譲渡担保権設定者は、本契約締結日以降全ての本件被担保債務が完済されるまで、以下の事項を遵守する。
   (1) 譲渡担保権設定者は、以下のいずれかの事由が発生した

場合には、直ちに譲渡担保権者に対しその旨報告するものとし、これに関連して書面を受領した場合には直ちにその写しを譲渡担保権者に提出するものとする。
① 本件対象債権について原債務者その他の第三者との間で何らかの紛議等が生じた場合。
② 認定発電設備に係る再エネ法第6条の認定が取り消された場合又は取り消されるおそれがある場合。
③ 認定発電設備が故障した場合その他変更又は修理を行う必要が生じた場合。
④ 認定発電設備の設置場所に係る不動産に関し、所有者の変更、賃貸借契約の解除又は終了、賃借条件の変更その他本件対象債権に悪影響を及ぼす変更が発生した場合又は発生するおそれがある場合。
⑤ 本件対象契約又は接続契約の解除事由その他期限前に終了する事由が発生したとき、又は、本件対象契約又は接続契約の更新をしない旨の通知を受領したとき。
⑥ 原債務者から認定発電設備の出力の抑制の指示があった場合。
⑦ 原債務者に関し、その住所、商号、合併等の変動があったことを知ったとき、又は、財産、経営、業況につき重大な変化が生じ若しくは生じるおそれがあることを知ったとき。
(2) 譲渡担保権設定者は、譲渡担保権者の事前の書面による承諾なく、本件対象契約上の地位又は本件対象債権を第三者に譲渡し、担保提供その他の処分をし、又は本件対象債権を放棄するなど、譲渡担保権者に損害を及ぼすおそれのある行為は一切行ってはならないものとする。
(3) 譲渡担保権設定者は、譲渡担保権者の事前の書面による承諾なく、本件対象債権について、原債務者が譲渡担保権設定者又は譲渡担保権者に対して抗弁権を取得し、又は取得する可能性のある行為を行わず、また、本件対象契約の解除、変更その他本件対象債権の内容を変更するおそれのある行為を行ってはならないものとする。譲渡担保権設

者は、本号に従い譲渡担保権者の承諾を得て本件対象契約又は本件対象債権の内容の変更を行った場合、速やかに変更後の本件対象契約又は本件対象債権の内容の変更を証する書面の原本証明付写しを譲渡担保権者に提出するものとする。
(4) 譲渡担保権設定者は、譲渡担保権者の事前の書面による承諾なく、接続契約に関し、解除又は変更その他本件対象債権に悪影響を及ぼすおそれのある行為を行ってはならないものとする。譲渡担保権設定者は、本号に従い譲渡担保権者の承諾を得て接続契約の変更を行った場合、速やかに変更後の接続契約の原本証明付写しを譲渡担保権者に提出するものとする。
(5) 譲渡担保権設定者は、譲渡担保権者の事前の書面による承諾なく、認定発電設備の設置場所に係る不動産に関し、所有権の譲渡、担保提供その他の処分又は所有者の変更の承諾、賃貸借契約の解除又は終了、賃借条件の変更その他本件対象債権に悪影響を及ぼす変更を行わないものとする。譲渡担保権設定者は、本号に従い譲渡担保権者の承諾を得て当該不動産に係る契約の変更を行った場合、速やかに変更契約書その他のかかる変更内容を証する書面の原本証明付写しを譲渡担保権者に提出するものとする。
(6) 譲渡担保権設定者は、譲渡担保権者の事前の書面による承諾なく、認定発電設備に関し再エネ法第6条第4項の変更の認定が必要となる行為を行わないものとする。
(7) 譲渡担保権設定者は、本件対象債権について原債務者その他の第三者との間で何らかの紛議等が生じた場合には、一切の責任を負い、譲渡担保権者に生じた損失、経費その他一切の損害(損害又は損失を被らないようにするために支出した費用及び損害又は損失を回復するために支出した費用(弁護士費用を含む。)を含むが、これらに限られない。)を補償するものとする。
(8) 譲渡担保権設定者は、第4条第1項の取立委任を解除された場合は、それ以降、本件対象債権の回収を停止し、原

債務者からの弁済を一切受領しないものとし、原債務者からの弁済を受領した場合は譲渡担保権者の指示に従って譲渡担保権者に引き渡すものとする。
(9) 譲渡担保権設定者は、その他本件譲渡担保権を毀損し又は価値を害するおそれのある一切の行為を行わないものとする。

第10条（本契約の終了）
1．【(根担保でない場合) 全ての本件被担保債務が完済された場合には、本契約は終了するものとする。／(根担保の場合) 但し、本契約は、譲渡担保権設定者が、本件譲渡担保権の被担保債権の元本の確定後において全ての本件被担保債権に係る債務の履行を完了した場合に終了し、本件譲渡担保権の被担保債権の元本の確定前において、一時的に本件被担保債権の残高がゼロとなった場合には終了しない。なお、譲渡担保権者は、譲渡担保権設定者に対して書面で請求することにより、いつでも本件譲渡担保権の被担保債権の元本を確定させることができるものとする。】
2．本契約が終了した場合、譲渡担保権者は、本件譲渡担保権の解除を証する書面を譲渡担保権設定者に提出し、本件対象債権の譲渡担保権設定者への移転に関する対抗要件具備手続を行う（対抗要件具備にかかる費用は譲渡担保権設定者の負担とする。）。
3．譲渡担保権者は、本契約が終了した場合には、速やかに、本契約の規定に従い譲渡担保権設定者から交付を受けた担保関連書類の原本を、法令上継続的な保管が必要となるものを除き、譲渡担保権設定者に返還するものとする。

第11条（他の担保との関係）
1．本契約に基づく担保権は、譲渡担保権者が本件被担保債権に関して現在又は将来有する他の担保に追加して設定されるものであり、かかる他の担保の効力が本契約に基づく担保権によって影響を受けることはないものとする。

2．本契約に基づく担保権は、他の担保権の変更、修正又は解除等によっても影響を受けないものとする。

第12条（損害賠償）
譲渡担保権設定者が本契約の各条項に違反した場合には、譲渡担保権設定者は、当該違反に直接に起因して譲渡担保権者に発生した損害、損失又は費用等を賠償する。

第13条（諸費用）
譲渡担保権設定者は、本契約に別途定める費用負担に加えて、契約書の作成費用、対抗要件具備費用、変更契約作成費用その他本契約に関して合理的に必要な費用（弁護士費用及び公租公課を含む。）を負担する。

第14条（一般事項）
1．契約上の地位の処分等
 (1) 譲渡担保権設定者は、譲渡担保権者の事前の書面による承諾なく、本契約に基づく権利・義務及び本契約上の地位について譲渡、質入その他の処分をしない。
 (2) 【（根担保の場合）本件譲渡担保権の被担保債権の元本の確定後において、】本件被担保債権及び本件被担保債権に係る契約上の地位及び権利義務の全部又は一部が第三者（以下、本項において「譲受人」という。）に譲渡された場合は、譲渡担保権者は、譲受人をして、譲渡人たる譲渡担保権者から譲渡を受ける本件被担保債権及び本件被担保債権に係る契約上の地位及びこれに伴う権利義務に関連する範囲の本契約上の地位も同時に譲り受けさせるものとする。この場合、譲渡担保権設定者は、当該譲受けに係る対抗要件具備に必要な手続に協力する。
2．本契約の変更
　本契約は、譲渡担保権設定者及び譲渡担保権者が書面により合意する場合を除き、これを変更することができない。
3．通知

(1) 本契約に別段の定めがある場合を除き、本契約上要求されているか認められている通知は以下の宛先に対して書面にて手交、郵送又はファクシミリにより行われるものとする。但し、ファクシミリにより行われた場合は、送信者は送信完了の確認を受領し、記録するものとする。但し、宛先の通知がなされた場合は、変更後の宛先に対して通知する。

　　　譲渡担保権者：　　[宛先]
　　　　　　　　　　　　[住所]
　　　　　　　　　　　　[ファクシミリ]

　　　譲渡担保権設定者：[宛先]
　　　　　　　　　　　　[住所]
　　　　　　　　　　　　[ファクシミリ]

(2) 本契約に基づいて行われる通知が郵便機関による誤配、遅配その他通知人たる当事者の責めに帰すべからざる事由により相手方のもとへ到達せず、又は遅延して到達した場合は、通常到達すべき時点において相手方のもとへ到達したものとみなして、その効力が発生するものとする。

4．届出事項の変更

　譲渡担保権設定者は、その印章、名称、商号、代表者、住所その他の事項に変更があった場合、譲渡担保権者に対して、直ちにその旨を通知する。

5．守秘義務

　本契約の各当事者は、他の当事者から開示された一切の情報及び資料（以下の各号のいずれかに該当するものは除く。）について秘密を保持し、当該他の当事者の事前の書面による同意がない限り、第三者に開示してはならない。但し、弁護士、司法書士、公認会計士、税理士、不動産鑑定士、格付機関、本件被担保債権又は本件対象債権の譲受人又は譲受けを検討している者及び本件被担保債権又は本件対象債権を引当てとする直接又は間接の投資家又は投資家になろうと検討し

ている者に対しては、その者に合理的な内容の秘密保持義務を課すことを条件として開示することができる。また、法令に基づき要請される場合、所轄官公庁等（裁判所、検察庁、金融庁、日本銀行、証券取引等監視委員会、公正取引委員会、税務当局、警察当局、金融商品取引所、日本証券業協会、弁護士会及び自主規制機関を含む。）の要請に対しても、当該開示要請に必要な限度において開示することができる。
(1) 開示時点において既に公知になっている情報。
(2) 開示後、開示を受けた当事者（以下「情報受領者」という。）の責によらないで公知となった情報。
(3) 開示前に情報受領者が所有していた情報。
(4) 情報受領者が正当な権限を有する第三者から守秘義務を課されることなく入手した情報。
(5) 情報受領者が独自に開発した情報。

6. 権利の存続

　譲渡担保権者が本契約により定められた権利の全部又は一部を行使しないこと若しくは行使の時期を遅延することは、いかなる場合であっても譲渡担保権者が当該権利を放棄したもの若しくは譲渡担保権設定者の義務を免除又は軽減したものとは解されないものとし、当該権利又は義務にいかなる効果も与えない。

7. 準拠法

　本契約は日本法に準拠し、日本法に従って解釈される。

8. 合意管轄

　本契約の当事者は、本契約に関して生じるあらゆる紛争の解決にあたって、●●地方裁判所を第一審の専属的合意管轄裁判所とすることに合意する。

9. 協議事項

　本契約に定めのない事項又は本契約の解釈に関し当事者間に疑義が発生した場合には、譲渡担保権設定者及び譲渡担保権者は、誠実に協議を行い、その対応を決定する。

【以下余白】

上記を証するため、本契約書の原本を１通作成し、譲渡担保権設定者及び譲渡担保権者の代表者又は代表者の代理人が記名捺印し、譲渡担保権者がこれを保管し、譲渡担保権設定者はその写しを受領する。

●年●月●日

　　　　　　譲渡担保権者：株式会社〇〇銀行

　　　　　　譲渡担保権設定者：●●

[別紙1] 認定発電設備

　なお、下記各表記載中の記号の意味は、再エネ法第6条第1項の再生可能エネルギー発電設備認定申請書の第1表の記載の意味による。

1．認定発電設備1：設備ID：●●●●

再生可能エネルギー発電設備の概要		備　考
設備情報	発電設備の区分		
	発電出力		
	設備名称		
	設備の所在地		
	運転開始年月日（又は予定日）		
	太陽光パネルの種類及び変換効率		
	電気事業者への電気供給量の計測方法		
設置情報	発電事業者名		
	代表者名		
	住所（〒　　　）		
添付書類		書　類　名	
	①構造図		
	②配線図		
	③メンテナンス体制確認書類		
	④運転開始年月日等の証明書類		
	⑤発電設備の内容を証する書類		
	⑥補助金確定通知書		
	⑦その他1		
	⑧その他2		
	⑨その他3		

2．認定発電設備2：設備ID：●●●●

再生可能エネルギー発電設備の概要		備 考
設備情報	発電設備の区分	
	発電出力	
	設備名称	
	設備の所在地	
	運転開始年月日（又は予定日）	
	太陽光パネルの種類及び変換効率	
	電気事業者への電気供給量の計測方法	
設置情報	発電事業者名	
	代表者名	
	住所（〒　　　）	
添付書類	書　類　名	
	①構造図	
	②配線図	
	③メンテナンス体制確認書類	
	④運転開始年月日等の証明書類	
	⑤発電設備の内容を証する書類	
	⑥補助金確定通知書	
	⑦その他1	
	⑧その他2	
	⑨その他3	

【以下設備の数に応じて追加】

以　上

[別紙2] 本件対象契約

(1) 【別紙1の1記載の】認定発電設備に関し、譲渡担保権設定者と原債務者との間で締結した●年●月●日付【特定契約】
(2) 【別紙1の2記載の認定発電設備に関し、譲渡担保権設定者と原債務者との間で締結した●年●月●日付【特定契約】】
(3) 【以下、対象の契約を列挙】

③ 動産譲渡担保権設定契約書

動産譲渡担保権設定契約書

　株式会社○○銀行（以下「譲渡担保権者」という。）及び●●（以下「譲渡担保権設定者」という。）は、第1条に定義する本件被担保債務を担保するために、第1条に定義する本件対象動産に【根担保として根】譲渡担保権を設定することに関連して、●年●月●日付にて、以下の約定によりこの動産譲渡担保権設定契約書（以下「本契約」という。）を締結する。

第1条（定義）
　次に掲げる各用語は、文脈上別義であることが明白である場合を除き、本契約において次に定める意味を有する。
(1)「営業日」とは、法令等により銀行が休業することを認められている日以外の日で、かつ譲渡担保権者が現実に営業を行っている日をいう。
(2)【「銀行取引約定書」とは、譲渡担保権者及び譲渡担保権設定者の間で締結した●年●月●日付【銀行取引約定書】（その後の変更を含む。）をいう。】
(3)「再エネ法」とは、電気事業者による再生可能エネルギー電気の調達に関する特別措置法（平成23年法律第108号）をいう。
(4)「接続契約」とは、【各】認定発電設備と原債務者の事業の用に供する変電用、送電用又は配電用の電気工作物とを電気的に接続するために譲渡担保権設定者と原債務者との間で締結した契約を【個別に又は総称して】いう。
(5)「特定契約」とは、各本件対象動産に関し、譲渡担保権設定者と電気事業者との間で締結された特定契約（再エネ法第4条第1項に規定する特定契約をいう。）を【個別に又は総称して】いう。
(6)【「本件貸付契約」とは、譲渡担保権者及び譲渡担保権設定

者の間で締結した●年●月●日付【金銭消費貸借契約】(その後の変更を含む。)をいう。】
(7)「本件譲渡担保権」とは、本契約により設定される動産譲渡担保権をいう。
(8)「本件譲渡担保権設定日」とは、●年●月●日をいう。
(9)「本件設置場所」とは、別紙1記載の「設備の所在地」記載の場所を個別に又は総称していう。
(10)「本件対象動産」とは、譲渡担保権設定者が現在又は将来において所有する、本件設置場所に所在する、別紙1記載の「動産の種類」に属する動産を個別に又は総称していう。
(11)「本件被担保債権」とは、本件被担保債務に係る債権をいう。
(12)「本件被担保債務」とは、【本件貸付契約/銀行取引約定書の適用のある融資取引等】に基づき譲渡担保権設定者が譲渡担保権者に対し現在及び将来負担する一切の債務(元本、利息及び遅延損害金に関する債務を含むが、これらに限られない。)を総称していう。

第2条(本件譲渡担保権の設定)
1. 譲渡担保権設定者は、本件譲渡担保権設定日において、本件対象動産を、本件被担保債務を担保する目的で、【根担保として、】譲渡担保権者に譲渡する。
2. 譲渡担保権者及び譲渡担保権設定者は、本契約締結日後に、本件設置場所に搬入された動産であって、別紙1の「動産の種類」に記載された種類の動産は、本件設置場所への搬入をもって当然に本件譲渡担保権の効力が及ぶものであることを確認する。

第3条(対抗要件の取得等)
1. 譲渡担保権設定者は、前条第1項に基づく本件譲渡担保権の設定と同時に、譲渡担保権者に対して、本件対象動産を占有改定の方法により引き渡す。また、譲渡担保権設定者及び譲渡担保権者は、本契約締結日以降に譲渡担保権者が所有権

を取得することになる本件対象動産について、本件設置場所に搬入又は収容された時点で、当然に当該動産が本件設置場所にある他の本件対象動産とともに集合物を構成するものであることを合意し、譲渡担保権設定者は、占有改定の方法によりその占有を譲渡担保権者に引き渡す。
2．譲渡担保権設定者は、本件譲渡担保権設定日において速やかに、本件譲渡担保権の設定について、動産及び債権の譲渡の対抗要件に関する民法の特例等に関する法律（平成10年法律第104号。その後の改正を含む。以下「動産・債権譲渡特例法」という。）に基づく譲渡担保権設定登記（以下「譲渡担保権設定登記」という。）の申請を行うものとする（但し、譲渡担保権設定登記の存続期間は【10】年とする。）。
3．譲渡担保権設定者は、前項に基づく譲渡担保権設定登記申請後直ちに、当該登記申請書副本の写しを、譲渡担保権者に提出するものとし、当該登記完了後直ちに、動産・債権譲渡特例法第11条に定める登記事項証明書及び登記事項概要証明書を譲渡担保権者に提出するものとする。
4．譲渡担保権設定者は、本件譲渡担保権の設定登記、本件対象動産の引渡し及びその他の手続につき、譲渡担保権者の指示に従ってこれを行うものとし、本件譲渡担保権に関する引渡し並びに登記手続に必要な一切の費用（司法書士費用等を含む。以下同じ。）及び公租公課は譲渡担保権設定者が負担するものとする。譲渡担保権者がかかる費用又は公租公課を支払った場合、譲渡担保権設定者は、譲渡担保権者から請求あり次第、譲渡担保権者に対し、当該費用相当額又は当該公租公課相当額を直ちに支払うものとする。

第4条（本件対象動産の管理等）
1．譲渡担保権設定者は、本契約締結日以降、本件設置場所において、本件対象動産を、譲渡担保権者のために善良なる管理者の注意をもってこれを占有及び保管するものとする。譲渡担保権者は、本件対象動産を直接占有し又は保管する義務を負わないものとする。

2．譲渡担保権者は、譲渡担保設定者が、本契約の条件に基づき、本件対象動産をその性質、目的、用途に応じて再エネ法第3条第2項に定める認定発電設備として管理及び維持し、本件対象動産を用いて再生可能エネルギー電気を供給するために必要な範囲内において管理、利用、修繕等の処分（但し、第9条の制限に従う。）することを許諾する。

3．本件対象動産の維持、管理又は修繕等に関する一切の費用及び公租公課等は、譲渡担保設定者が全て負担するものとする。

第5条（本件譲渡担保権の実行）

1．譲渡担保権設定者は、譲渡担保権者が本件対象動産の保全のために必要と認めた場合は、譲渡担保権者の請求により、いつでも、本件対象動産を、譲渡担保権者又はその指定する第三者に対し、その指定する場所において現実に引き渡すものとする。

2．期限の到来又は期限の利益の喪失その他の事由によって、譲渡担保権設定者が本件被担保債務を履行しなければならない場合には、譲渡担保権者は、本条に従い本件譲渡担保権の実行をすることができる。この場合、譲渡担保権設定者は、譲渡担保権者に対して、前項により既に現実の引渡しをしている場合を除き、担保目的物である本件対象動産について現実の引渡しを行うものとする。但し、譲渡担保権者は、法定の手続によらず、一般に適当と認められる方法・時期・価格により本件対象動産を処分し、その処分代金から本件譲渡担保権実行に係る公租公課及び諸経費・諸費用を差し引いた残額（以下「行使取得金」という。）を本件被担保債務の弁済に充当することができる。

3．譲渡担保権設定者は、本契約をもって、譲渡担保権者に対し、前項に定める本件譲渡担保権の実行に必要な権限（前項に定める処分代金の受領を含むが、これらに限られない。）を撤回不能のものとして付与するものとし、また、譲渡担保権者の指示に従い、かかる本件譲渡担保権の実行に必要な協

力を行うものとする。
4．【譲渡担保権設定者は、第2項による本件対象動産の処分にあたり、譲渡担保権者の請求がある場合には、当該本件対象動産に関し譲渡担保権設定者が締結した特定契約及び接続契約の譲渡担保権設定者の地位を本件対象動産の譲受人に承継させるものとし、この場合、特定契約及び接続契約の相手方当事者である電気事業者からかかる地位承継についての書面による承諾を得た上で譲渡担保権者に提出する【よう誠実に努力する】ものとする。】
5．行使取得金を本件被担保債務の弁済に充当した後に、なお本件被担保債務につき譲渡担保権設定者に残債務が存在する場合には、譲渡担保権設定者は、直ちにこれを弁済する義務を負う。行使取得金を本件被担保債務の弁済に充当した後に余剰金がある場合には、譲渡担保権者は、直ちに当該余剰金を譲渡担保権設定者に返還する。
6．第2項に定める場合、譲渡担保権設定者は、譲渡担保権者又はその指定する第三者が、本件設置場所に立ち入ることを認め、本件譲渡担保権の実行に最大限協力するものとする（本件設置場所について譲渡担保権者又は譲渡担保権者が指定する第三者に対し担保動産の調査、管理、保全、搬出及び処分を可能にすることを目的として無償で使用貸借する権利を付与することを含むがこれに限られない。）。

第6条（追加譲渡担保権の設定等）

譲渡担保権設定者は、本件設置場所に新たに自己が所有する動産（但し、別紙1に記載された種類以外の動産とする。）を搬入又は収容する場合には、事前に譲渡担保権者に通知するものとし、譲渡担保権者から要請があった場合には、かかる要求に従い、【譲渡担保権者所定の様式による追加担保差入証を作成し譲渡担保権者に交付すること／譲渡担保権者所定の動産譲渡担保権設定契約書を締結すること】により、追加で搬入又は収容した当該動産を、本件被担保債務の履行を担保するための増担保として、譲渡担保権者に譲渡するものとする。

第7条（報告及び調査）

譲渡担保権者は、事前に担保権設定者に通知の上、担保権設定者の営業の妨げとならない態様にて、本件保管場所に立ち入り本件対象動産の調査を行い、また、本件対象動産に関して、譲渡担保権設定者の帳簿、記録、事務所その他の設備若しくは資産について、いつでも調査若しくは検査することができ、譲渡担保権設定者に提示、提出又は報告を求めることができる。譲渡担保権設定者は、譲渡担保権者からかかる調査、検査又は報告の要求があった場合、合理的理由なくこれを拒むことができないものとし、法令等に反しない範囲でかかる要求に応じるものとする。

第8条（表明及び保証）

1. 譲渡担保権設定者は、本契約締結日及び本件譲渡担保権設定日において、以下の各号に掲げる事項が真実かつ正確であることを表明し、かつ、保証する。
   (1) 譲渡担保権設定者は、日本法に基づき適法に設立され、有効に存在する法人であること。
   (2) 譲渡担保権設定者は、本契約に定められている規定を遵守・履行するのに必要な法律上の完全な権利能力及び行為能力を有しており、本契約に拘束されること。
   (3) 本契約は、適法、有効かつ拘束力のある譲渡担保権設定者の債務を構成し、その条項に従い、譲渡担保権設定者に対する強制執行が可能であること。
   (4) 譲渡担保権設定者は、本契約を締結・履行するために必要となる社内の承認手続を全て適法に完了していること。
   (5) 譲渡担保権設定者は、本件譲渡担保権の設定について、その債権者に対し詐害の意図を有していないこと。
   (6) 譲渡担保権設定者は、支払不能、支払停止又は債務超過に陥っておらず、譲渡担保権設定者が知り得る限り、本契約に基づく取引を実行することにより、支払不能、支払停止又は債務超過に陥るおそれもないこと。
   (7) 譲渡担保権設定者による本契約の締結・履行に重大な影

響を及ぼす訴訟・係争・行政処分が発生しておらず、譲渡担保権設定者が知り得る限り、発生するおそれもないこと。

(8) 譲渡担保権設定者について破産手続開始、民事再生手続開始、会社更生手続開始、特別清算開始若しくは特定調停手続の申立又はその他これらに類する日本国内外の倒産手続開始の申立がなされていないこと。

(9) 譲渡担保権設定者は解散しておらず、譲渡担保権設定者について解散を命ずる裁判又は解散する旨の株主総会の決議が行われていないこと。

2．譲渡担保権設定者は、本契約締結日及び本件譲渡担保権設定日において（但し、本契約締結日以降本件設置場所に搬入又は収容される本件対象動産については当該本件対象動産が本件設置場所に搬入又は収容された時点において）、本件対象動産について、以下の各号に掲げる事項が真実かつ正確であることを表明し、かつ、保証する。

(1) 本件対象動産に係る一切の権利、権原及び利益は、本契約に基づき譲渡担保権者が有する権利、権原又は利益を除き、譲渡担保権設定者のみに帰属すること、及び本件対象動産には法令に定める場合を除くほか、他の担保権が一切付着しておらず、かつ、仮差押、保全差押、差押がなされていないこと。

(2) 本件対象動産は、何らの担保権、賃貸借その他の負担の対象となっていないこと。

(3) 譲渡担保権者は、本件対象動産について、第三者との間で、譲渡又はその他の処分をする旨の合意（停止条件付合意及び予約を含む。）をしていないこと。

(4) 譲渡担保権者は、本件設置場所について、本件対象動産を使用、管理するために必要な使用権限を適法かつ有効に有していること。

(5) 本件設置場所には、別紙１記載の「動産の種類」に属する動産は、本件対象動産以外には存在しないこと。

(6) 譲渡担保権者は、本件対象動産を自ら占有し【、又は第

三者をして譲渡担保権設定者のために占有させ】ており、他の占有者は存在しないこと。
 (7) 本件対象動産に関し、第三者との間で、所有権・占有権等に関する訴訟、調停、仲裁その他の法的手続又は紛争解決手続は一切存在せず、第三者から所有権・占有権等につき、クレーム、異議、不服、苦情はなく、譲渡担保権設定者が知り得る限り、そのおそれもないこと。
 (8) 本件対象動産に関し、譲渡担保権設定者が譲渡担保権者に対し開示した情報が全て真実であること。
 (9) 本件対象動産の運営・管理又は価値に悪影響を及ぼす本件対象動産の瑕疵はないこと。
3．前2項に定める表明及び保証のうちいずれかが真実又は正確でないことが判明したときは、譲渡担保権設定者は、直ちに譲渡担保権者に書面により通知するとともに、それにより譲渡担保権者に生じた損失、経費その他一切の損害（損害又は損失を被らないようにするために支出した合理的な費用及び損害又は損失を回復するために支出した合理的な費用（弁護士費用を含む。）を含む。）を、譲渡担保権者の請求に従って、譲渡担保権者に対して支払うものとする。

第9条（誓約事項）

1．譲渡担保権設定者は、本契約締結日以降全ての本件被担保債務が完済されるまでの間、以下の書類及び情報を、それぞれについて定められた期間内に譲渡担保権者に提出する。
 (1) 【本件対象動産のリスト及び管理状況報告書】：
　　【毎年●月及び●月の各●日から●営業日以内】
 (2) 譲渡担保権設定者の財務諸表を添付した事業報告書（税務申告書を含む）：
　　譲渡担保権設定者の各　事業年度終了後3か月以内
 (3) 電気事業者による再生可能エネルギー電気の調達に関する特別措置法施行規則第12条第1項及び第2項に従い行政当局に提出した報告書の写し：
　　提出後速やかに

(4) 前号の他本件対象動産に関し再エネ法その他の法令に基づき又は行政当局の要請に従い行政当局に提出した届出書又は報告書（添付書類を含む）の写し：
  提出後速やかに
  (5) 前各号の他、譲渡担保権者が合理的に要求する書類又は情報：
  譲渡担保権者が合理的に要求する期間内
2．譲渡担保権設定者は、本契約締結日以降全ての本件被担保債務が完済されるまで、以下の事項を遵守する。
  (1) 譲渡担保権設定者は、以下のいずれかの事由が発生した場合には、直ちに譲渡担保権者に対しその旨報告するものとし、これに関連して書面を受領した場合には直ちにその写しを譲渡担保権者に提出するものとする。
    ① 本件対象動産について第三者との間で何らかの紛議等が生じた場合
    ② 本件対象動産について再エネ法第6条の認定が取り消された場合又は取り消されるおそれがある場合
    ③ 本件対象動産が故障、損壊、滅失した場合その他変更又は修理を行う必要が生じた場合
    ④ 本件設置場所に係る不動産に関し、所有者の変更、賃貸借契約の解除又は終了、賃借条件の変更その他本件対象動産に悪影響を及ぼす変更が発生した場合又は発生するおそれがある場合
  (2) 譲渡担保権設定者は、譲渡担保権者の事前の書面による承諾なく、本件対象動産を第三者に譲渡し、担保提供その他の処分をし、又は本件対象動産を放棄するなど、譲渡担保権者に損害を及ぼすおそれのある行為は一切行ってはならないものとする。
  (3) 譲渡担保権設定者は、本件対象動産に関し、第三者より仮差押、仮処分、強制執行若しくは滞納処分による差押等があった場合は、本件対象動産を執行官に引き渡すことを拒否すると共に、直ちにその旨を譲渡担保権者に通知するものとする。

(4) 譲渡担保権設定者は、譲渡担保権者から要求があったときは、本件設置場所において、本件対象動産について、譲渡担保権者の所有物であることを、譲渡担保権者の満足する方法により明瞭に表示（いわゆる明認方法を指し、以下「明認方法」という。）するものとする。なお、譲渡担保権者自らが担保動産が譲渡担保権者の譲渡担保権に服する旨の明認方法を施す場合、譲渡担保権設定者（譲渡担保権設定者の使用人を含む。）は、譲渡担保権者自ら又はその指定する第三者が明認方法を施すために必要な一切の便宜を供与（譲渡担保権者が本件設置場所に立ち入るために必要な一切の措置を含むが、これらに限られない。）することを予め承諾する。

(5) 譲渡担保権設定者は、譲渡担保権者の事前の書面による承諾を得ずに、本件設置場所に本件対象動産以外の別紙1記載の「動産の種類」に属する動産でかつ譲渡担保権設定者の単独所有動産ではない動産を搬入又は収容せず、第三者（本件設置場所の管理者も含むがこれに限られない。）にも搬入又は収容させないようにするものとする。

(6) 【譲渡担保権設定者は、譲渡担保権者が要求する場合は、本件対象動産に対し、譲渡担保権設定者の費用負担において、譲渡担保権者の同意する保険会社と金額以上の損害保険契約を締結又は継続し、当該保険に係る保険金請求権について、本件被担保債権に係る担保として、譲渡担保権者を質権者として第一順位の質権を設定する。この場合、譲渡担保権設定者は、当該保険証券を譲渡担保権者に差し入れるものとする。また、譲渡担保権設定者は、上記保険契約の締結、継続、更改、変更及び保険目的である本件対象動産の保険金の処理について、譲渡担保権者の指示に従うものとする。】

(7) 譲渡担保権者は、本件対象動産に関し、譲渡担保権設定者が第三者（地方公共団体や国家機関等も含まれるが、これらに限られない。）に対して有する損害賠償請求権、保険金請求権その他の金銭支払請求権（滅失した本件対象動

産に係る補償請求権等も含み、名目・理由の如何を問わない。)について物上代位権を有し、必要に応じて同物上代位権を行使できるものとする。なお、譲渡担保権設定者は、譲渡担保権者の事前の承諾なくかかる請求権につき交渉し、第三者に譲渡し、担保に供し、当該請求権に係る金銭を受領してはならないものとする。

(8) 譲渡担保権設定者は、譲渡担保権者の事前の書面による承諾なく、本件設置場所に係る不動産に関し、所有権の譲渡、担保提供その他の処分又は所有者の変更の承諾、賃貸借契約の解除又は終了、賃借条件の変更その他本件対象動産に悪影響を及ぼす変更を行わないものとする。譲渡担保権設定者は、本号に従い譲渡担保権者の承諾を得て当該不動産に係る契約の変更を行った場合、速やかに変更契約書その他のかかる変更内容を証する書面の原本証明付写しを譲渡担保権者に提出するものとする。

(9) 譲渡担保権設定者は、譲渡担保権者の事前の書面による承諾なく、本件対象動産に関し再エネ法第6条第4項の変更の認定が必要となる行為を行わないものとする。

(10) 譲渡担保権設定者は、本件対象動産について第三者との間で何らかの紛議等が生じた場合には、一切の責任を負い、譲渡担保権者に生じた損失、経費その他一切の損害(損害又は損失を被らないようにするために支出した費用及び損害又は損失を回復するために支出した費用(弁護士費用を含む。)を含むが、これらに限られない。)を補償するものとする。

(11) 譲渡担保権設定者は、その他本件譲渡担保権を毀損し又は価値を害するおそれのある一切の行為を行わないものとする。

第10条(本契約の終了)

1. 【(根担保でない場合) 全ての本件被担保債務が完済された場合には、本契約は終了するものとする。/ (根担保の場合) 但し、本契約は、譲渡担保権設定者が、本件譲渡担保権

の被担保債権の元本の確定後において全ての本件被担保債権に係る債務の履行を完了した場合に終了し、本件譲渡担保権の被担保債権の元本の確定前において、一時的に本件被担保債権の残高がゼロとなった場合には終了しない。なお、譲渡担保権者は、譲渡担保権設定者に対して書面で請求することにより、いつでも本件譲渡担保権の被担保債権の元本を確定させることができるものとする。】
2．本契約が終了した場合、譲渡担保権者は、本件譲渡担保権の解除を証する書面を譲渡担保権設定者に提出し、本件対象動産の譲渡担保権設定者への引渡し及び移転に関する対抗要件具備手続を行う（対抗要件具備にかかる費用は譲渡担保権設定者の負担とする。）。

第11条（他の担保との関係）
1．本契約に基づく担保権は、譲渡担保権者が本件被担保債権に関して現在又は将来有する他の担保に追加して設定されるものであり、かかる他の担保の効力が本契約に基づく担保権によって影響を受けることはないものとする。
2．本契約に基づく担保権は、他の担保権の変更、修正又は解除等によっても影響を受けないものとする。

第12条（損害賠償）
　譲渡担保権設定者が本契約の各条項に違反した場合には、譲渡担保権設定者は、当該違反に直接に起因して譲渡担保権者に発生した損害、損失又は費用等を賠償する。

第13条（諸費用）
　譲渡担保権設定者は、本契約に別途定める費用負担に加えて、契約書の作成費用、対抗要件具備費用、変更契約作成費用その他本契約に関して合理的に必要な費用（弁護士費用及び公租公課を含む。）を負担する。

第14条（一般事項）
1．契約上の地位の処分等
 (1) 譲渡担保権設定者は、譲渡担保権者の事前の書面による承諾なく、本契約に基づく権利・義務及び本契約上の地位について譲渡、質入その他の処分をしない。
 (2) 【（根担保の場合）本件譲渡担保権の被担保債権の元本の確定後において、】本件被担保債権及び本件被担保債権に係る契約上の地位及び権利義務の全部又は一部が第三者（以下、本項において「譲受人」という。）に譲渡された場合は、譲受人は、譲渡人たる譲渡担保権者から譲渡を受ける本件被担保債権及び本件被担保債権に係る契約上の地位及びこれに伴う権利義務に関連する範囲の本契約上の地位も同時に譲り受けるものとする。この場合、譲渡担保権設定者は、当該譲受けに係る対抗要件具備に必要な手続に協力する。
2．本契約の変更
 本契約は、譲渡担保権設定者及び譲渡担保権者が書面により合意する場合を除き、これを変更することができない。
3．通知
 (1) 本契約に別段の定めがある場合を除き、本契約上要求されているか認められている通知は以下の宛先に対して書面にて手交、郵送又はファクシミリにより行われるものとする。但し、ファクシミリにより行われた場合は、送信者は送信完了の確認を受領し、記録するものとする。但し、宛先の通知がなされた場合は、変更後の宛先に対して通知する。

　　　　譲渡担保権者： 　[宛先]
　　　　　　　　　　　　[住所]
　　　　　　　　　　　　[ファクシミリ]

　　　　譲渡担保権設定者：[宛先]
　　　　　　　　　　　　[住所]
　　　　　　　　　　　　[ファクシミリ]

(2) 本契約に基づいて行われる通知が郵便機関による誤配、遅配その他通知人たる当事者の責めに帰すべからざる事由により相手方のもとへ到達せず、又は遅延して到達した場合は、通常到達すべき時点において相手方のもとへ到達したものとみなして、その効力が発生するものとする。

4．届出事項の変更

譲渡担保権設定者は、その印章、名称、商号、代表者、住所その他の事項に変更があった場合、譲渡担保権者に対して、直ちにその旨を通知する。

5．守秘義務

本契約の各当事者は、他の当事者から開示された一切の情報及び資料（以下の各号のいずれかに該当するものは除く。）について秘密を保持し、当該他の当事者の事前の書面による同意がない限り、第三者に開示してはならない。但し、弁護士、司法書士、公認会計士、税理士、不動産鑑定士、格付機関、本件被担保債権又は本件対象動産の譲受人又は譲受けを検討している者及び本件被担保債権又は本件対象動産を引当てとする直接又は間接の投資家又は投資家になろうと検討している者に対しては、その者に合理的な内容の秘密保持義務を課すことを条件として開示することができる。また、法令に基づき要請される場合、所轄官公庁等（裁判所、検察庁、金融庁、日本銀行、証券取引等監視委員会、公正取引委員会、税務当局、警察当局、金融商品取引所、日本証券業協会、弁護士会及び自主規制機関を含む。）の要請に対しても、当該開示要請に必要な限度において開示することができる。

(1) 開示時点において既に公知になっている情報。
(2) 開示後、開示を受けた当事者（以下「情報受領者」という。）の責によらないで公知となった情報。
(3) 開示前に情報受領者が所有していた情報。
(4) 情報受領者が正当な権限を有する第三者から守秘義務を課されることなく入手した情報。
(5) 情報受領者が独自に開発した情報。

6．権利の存続

譲渡担保権者が本契約により定められた権利の全部又は一部を行使しないこと若しくは行使の時期を遅延することは、いかなる場合であっても譲渡担保権者が当該権利を放棄したもの若しくは譲渡担保権設定者の義務を免除又は軽減したものとは解されないものとし、当該権利又は義務にいかなる効果も与えない。
7．準拠法
本契約は日本法に準拠し、日本法に従って解釈される。
8．合意管轄
本契約の当事者は、本契約に関して生じるあらゆる紛争の解決にあたって、●●地方裁判所を第一審の専属的合意管轄裁判所とすることに合意する。
9．協議事項
本契約に定めのない事項又は本契約の解釈に関し当事者間に疑義が発生した場合には、譲渡担保権設定者及び譲渡担保権者は、誠実に協議を行い、その対応を決定する。

【以下余白】

上記を証するため、本契約書の原本を1通作成し、譲渡担保権設定者及び譲渡担保権者の代表者又は代表者の代理人が記名捺印し、譲渡担保権者がこれを保管し、譲渡担保権設定者はその写しを受領する。

●年●月●日

譲渡担保権者：株式会社○○銀行

譲渡担保権設定者：●●

_____

[別紙1]　本件対象動産

動産の種類	【太陽光発電設備一式】
設備の所在地	【設備の所在地】
備考	

　なお、本契約締結日において、上記設備の所在地において上記動産の種類に属する動産には、上記設備の所在地に所在する再エネ法第6条の認定を受けた以下の設備IDに係る太陽光発電設備一式を含む。

・設備ID：●●●●

以　上

④ スポンサーサポート（案）

1．スポンサー完工保証

　スポンサーは、本件融資契約に基づく借主である新設子会社（「新設子会社」）の一切の債務を保証する。

2．スポンサー完工保証の解除

　所定の期日において、以下条件が充足されている場合、以後、上記1の完工保証は解除される。但し、下記3のスポンサーサポート義務は引き続き負うものとする。
(1) EPC契約において規定される本件発電設備の引渡しが完了していること。
(2) 本件発電設備による商業運転が開始されていること。
(3) プロジェクト運営に必要な許認可（届出、登録その他これらに類似する公的機関から取得すべき又は手続すべきもの、電気事業者による再生可能エネルギー電気の調達に関する特別措置法に基づく本件発電設備に係る設備認定を含む。）・同意等が全て取得（手続の履践を含む。）されて、変更されることなく維持されており、変更又は取消しの事由がないこと。
(4) 担保関連契約が完了していること。
(5) 本件発電設備に係る保険・補償（天候デリバティブ・地震デリバティブを含む）が付保されていること。
(6) 期限の利益喪失事由若しくは潜在的期限の利益喪失事由が発生していないこと。
(7) 本件発電設備を設置する事業用地について、その所有者と新設子会社との間で土地売買契約、又は土地賃貸借契約若しくは土地転貸借契約が締結済みであること。

3．スポンサーサポート

　スポンサーは、以下のいずれかの事由が生じた場合には、生じた所要資金を追加出資等により新設子会社に拠出、若し

くは、本件融資契約に基づく新設子会社のレンダーに対する残存債務を一括返済【(第三者弁済)】する。

(1) 発電量の不足や、メンテナンス費用の増加等の事由により、DSCRが1.1を下回った場合。
なお、DSCRは以下の算式により計算する。
$$DSCR = (約定返済額＋支払利息)／新設子会社の元金返済前キャッシュフロー$$

(2) 賃貸借契約の解除等の事由により事業用地の継続使用が困難となる事象が生じた場合。

(3) 【スポンサー若しくは新設子会社又はそれらの役員若しくは従業員による詐欺、資金横領、故意又は重過失による担保の毀損が生じた場合。】

(4) 【スポンサー又は新設子会社の故意又は重過失による本件融資契約又はその担保関連契約における表明保証違反があった場合。【但し、プロジェクト運営に重大な悪影響を生じた場合又は生じるおそれがあるとレンダーが合理的に判断した場合に限る。】

(5) プロジェクト運営に必要な許認可の取消しがなされた場合。

(6) 上記2のスポンサー完工保証の解除条件が充足していなかったことが判明した場合。【但し、レンダーが認める一定期間内に治癒した場合を除く。】

(7) その他新設子会社が本件発電事業を継続しがたい事由が発生した場合。

4．コベナンツ

(1) 新設子会社をして、本件発電事業以外の事業をレンダーの承諾なくして行わせないこと。

(2) 新設子会社をして、減資、株主・社員への配当【(本件融資契約等で許容される配当を除く)】等をレンダーの承諾なくして行わせないこと。

(3) 【新設子会社の役員・職務執行者の変更をレンダーの承諾なくして行わせないこと。】

【索　引】

〈A～Z〉

EPC契約 …………………… 151
O&M契約 ………………… 154
RPS法 ………… 2～、115～

〈あ行〉

一般電気事業者 ………………17
温泉法 ……………………… 194

〈か行〉

環境影響評価法 …………… 181
系統連系 ………………………93
建築基準法 ………… 142、179
工場財団抵当 ……………… 163
工場立地法 ………………… 141

〈さ行〉

再エネ契約要綱 ………… 71～
再生可能エネルギー電気
　　　……………………16、17
自然公園法 ………………… 191
出力抑制 ………………… 56～
消防法 ……………… 142、180
新電力 …………………………47
正当な理由 ………40、41、53
接続契約 ………… 53～、64～
接続請求電気事業者 ……44、48

〈た行〉

調達価格 ……… 17、19、22～
調達価格等算定委員会
　　　………………………14、22
調達期間 ……… 17、19、22～
電気工作物 ………………… 132
電気事業法 ………………… 132

電気主任技術者 …………… 139
倒産隔離 …………………… 167
特定規模電気事業者
　　　………………… 4、47、54
特定供給者 ………………17、37
特定契約 ………… 40～、64～
特定契約電気事業者
　　　………………41、44、48
特定電気事業者 ………… 4、47
都市計画法 ………………… 144

〈な行〉

認定発電設備 ……… 20、109
農地法 ……………………… 145

〈は行〉

パワーコンディショナー … 143
賦課金 ………… 18、20、111～
不動産特定共同事業法 …… 172
振替補給費用 …………………50

〈ま行〉

モデル契約書 …………… 90～

〈や行〉

屋根貸し ……………… 134、163
洋上風力発電 ……………… 187
余剰電力買取制度 ……………5

KINZAIバリュー叢書
再エネ法入門
──環境にやさしい再生可能エネルギービジネス入門

平成25年3月18日　第1刷発行

著　者	坂　井　　　豊
	渡　邉　雅　之
発行者	倉　田　　　勲
印刷所	株式会社日本制作センター

〒160-8520　東京都新宿区南元町19
発　行　所　一般社団法人 金融財政事情研究会
　編集部　TEL 03(3355)2251　FAX 03(3357)7416
販　　　売　株式会社きんざい
　販売受付　TEL 03(3358)2891　FAX 03(3358)0037
　　　　　　URL http://www.kinzai.jp/

・本書の内容の一部あるいは全部を無断で複写・複製・転訳載すること、および磁気または光記録媒体、コンピュータネットワーク上等へ入力することは、法律で認められた場合を除き、著作者および出版社の権利の侵害となります。
・落丁・乱丁本はお取替えいたします。定価はカバーに表示してあります。

ISBN978-4-322-12193-3

(4) 【本件融資契約及びその担保関連契約に基づく新設子会社のレンダーに対する元利金債務が完済後1年と1日を経過するまでは、新設子会社について破産手続開始、民事再生手続開始等の倒産手続開始申立を行わないこと、また、新設子会社を解散させないこと。】
(5) レンダーの承諾がある場合を除き、スポンサーの新設子会社に対する出資比率が【100%】となるように維持すること。レンダーの承諾なくして、新設子会社の株式・社員持分の譲渡、担保提供その他の処分禁止、スポンサー以外の者が株主・社員となることの禁止。

5．相殺禁止、代位権等

(1) スポンサーは、自らの負担する保証又は補償に関する債務につき、自ら又は新設子会社のレンダーに対する預金その他債権をもって相殺を行わないものとする。
(2) スポンサーは、スポンサーが上記1及び3の保証又は補償債務を履行した場合に新設子会社に対して取得する求償権及び代位その他の事由によってレンダーから取得した権利は、本件融資契約に基づく新設子会社の全ての債務の履行が完了するまでは、レンダーの承諾なく権利行使しないものとする。また、スポンサーは、レンダーが請求した場合、その権利又は順位をレンダーに無償で譲渡する。
(3) レンダーが、他の担保若しくは保証を変更又は解除しても、免責を主張しない。

6．劣後特約

(1) スポンサーが新設子会社に対して有する一切の債権（以下「劣後債権」という。）は、本件融資契約及びその担保関連契約に基づくレンダーの新設子会社に対する一切の債権（以下「優先債権」という。）に劣後するものとし、劣後債権は、期限の到来した優先債権が全て支払われ、かつ、本件融資契約等において必要とされる一切の準備金等の積立・留保がなされたことを停止条件として効力を生じ

るものとする。また、劣後債権の弁済は、かかる積立・留保を維持することができる限度で行われるものとする。
(2) 新設子会社について破産手続が係属している場合には、劣後債権は、当該破産手続におけるその配当順位が破産法第99条第1項に規定する劣後的破産債権に後れるものとする。

以 上

第7条（報告及び調査）

　譲渡担保権者は、事前に担保権設定者に通知の上、担保権設定者の営業の妨げとならない態様にて、本件保管場所に立ち入り本件対象動産の調査を行い、また、本件対象動産に関して、譲渡担保権設定者の帳簿、記録、事務所その他の設備若しくは資産について、いつでも調査若しくは検査することができ、譲渡担保権設定者に提示、提出又は報告を求めることができる。譲渡担保権設定者は、譲渡担保権者からかかる調査、検査又は報告の要求があった場合、合理的理由なくこれを拒むことができないものとし、法令等に反しない範囲でかかる要求に応じるものとする。

第8条（表明及び保証）

1．譲渡担保権設定者は、本契約締結日及び本件譲渡担保権設定日において、以下の各号に掲げる事項が真実かつ正確であることを表明し、かつ、保証する。
  (1) 譲渡担保権設定者は、日本法に基づき適法に設立され、有効に存在する法人であること。
  (2) 譲渡担保権設定者は、本契約に定められている規定を遵守・履行するのに必要な法律上の完全な権利能力及び行為能力を有しており、本契約に拘束されること。
  (3) 本契約は、適法、有効かつ拘束力のある譲渡担保権設定者の債務を構成し、その条項に従い、譲渡担保権設定者に対する強制執行が可能であること。
  (4) 譲渡担保権設定者は、本契約を締結・履行するために必要となる社内の承認手続を全て適法に完了していること。
  (5) 譲渡担保権設定者は、本件譲渡担保権の設定について、その債権者に対し詐害の意図を有していないこと。
  (6) 譲渡担保権設定者は、支払不能、支払停止又は債務超過に陥っておらず、譲渡担保権設定者が知り得る限り、本契約に基づく取引を実行することにより、支払不能、支払停止又は債務超過に陥るおそれもないこと。
  (7) 譲渡担保権設定者による本契約の締結・履行に重大な影

響を及ぼす訴訟・係争・行政処分が発生しておらず、譲渡
　　担保権設定者が知り得る限り、発生するおそれもないこ
　　と。
　(8)　譲渡担保権設定者について破産手続開始、民事再生手続
　　開始、会社更生手続開始、特別清算開始若しくは特定調停
　　手続の申立又はその他これらに類する日本国内外の倒産手
　　続開始の申立がなされていないこと。
　(9)　譲渡担保権設定者は解散しておらず、譲渡担保権設定者
　　について解散を命ずる裁判又は解散する旨の株主総会の決
　　議が行われていないこと。
2．譲渡担保権設定者は、本契約締結日及び本件譲渡担保権設
　定日において（但し、本契約締結日以降本件設置場所に搬入
　又は収容される本件対象動産については当該本件対象動産が
　本件設置場所に搬入又は収容された時点において）、本件対
　象動産について、以下の各号に掲げる事項が真実かつ正確で
　あることを表明し、かつ、保証する。
　(1)　本件対象動産に係る一切の権利、権原及び利益は、本契
　　約に基づき譲渡担保権者が有する権利、権原又は利益を除
　　き、譲渡担保権設定者のみに帰属すること、及び本件対象
　　動産には法令に定める場合を除くほか、他の担保権が一切
　　付着しておらず、かつ、仮差押、保全差押、差押がなされ
　　ていないこと。
　(2)　本件対象動産は、何らの担保権、賃貸借その他の負担の
　　対象となっていないこと。
　(3)　譲渡担保権者は、本件対象動産について、第三者との間
　　で、譲渡又はその他の処分をする旨の合意（停止条件付合
　　意及び予約を含む。）をしていないこと。
　(4)　譲渡担保権者は、本件設置場所について、本件対象動産
　　を使用、管理するために必要な使用権限を適法かつ有効に
　　有していること。
　(5)　本件設置場所には、別紙1記載の「動産の種類」に属す
　　る動産は、本件対象動産以外には存在しないこと。
　(6)　譲渡担保権者は、本件対象動産を自ら占有し【、又は第

三者をして譲渡担保権設定者のために占有させ】ており、他の占有者は存在しないこと。
  (7) 本件対象動産に関し、第三者との間で、所有権・占有権等に関する訴訟、調停、仲裁その他の法的手続又は紛争解決手続は一切存在せず、第三者から所有権・占有権等につき、クレーム、異議、不服、苦情はなく、譲渡担保権設定者が知り得る限り、そのおそれもないこと。
  (8) 本件対象動産に関し、譲渡担保権設定者が譲渡担保権者に対し開示した情報が全て真実であること。
  (9) 本件対象動産の運営・管理又は価値に悪影響を及ぼす本件対象動産の瑕疵はないこと。
3. 前2項に定める表明及び保証のうちいずれかが真実又は正確でないことが判明したときは、譲渡担保権設定者は、直ちに譲渡担保権者に書面により通知するとともに、それにより譲渡担保権者に生じた損失、経費その他一切の損害（損害又は損失を被らないようにするために支出した合理的な費用及び損害又は損失を回復するために支出した合理的な費用（弁護士費用を含む。）を含む。）を、譲渡担保権者の請求に従って、譲渡担保権者に対して支払うものとする。

第9条（誓約事項）
1. 譲渡担保権設定者は、本契約締結日以降全ての本件被担保債務が完済されるまでの間、以下の書類及び情報を、それぞれについて定められた期間内に譲渡担保権者に提出する。
  (1) 【本件対象動産のリスト及び管理状況報告書】：
    【毎年●月及び●月の各●日から●営業日以内】
  (2) 譲渡担保権設定者の財務諸表を添付した事業報告書（税務申告書を含む）：
    譲渡担保権設定者の各 事業年度終了後3か月以内
  (3) 電気事業者による再生可能エネルギー電気の調達に関する特別措置法施行規則第12条第1項及び第2項に従い行政当局に提出した報告書の写し：
    提出後速やかに

(4) 前号の他本件対象動産に関し再エネ法その他の法令に基づき又は行政当局の要請に従い行政当局に提出した届出書又は報告書(添付書類を含む)の写し:
提出後速やかに
 (5) 前各号の他、譲渡担保権者が合理的に要求する書類又は情報:
譲渡担保権者が合理的に要求する期間内
2．譲渡担保権設定者は、本契約締結日以降全ての本件被担保債務が完済されるまで、以下の事項を遵守する。
 (1) 譲渡担保権設定者は、以下のいずれかの事由が発生した場合には、直ちに譲渡担保権者に対しその旨報告するものとし、これに関連して書面を受領した場合には直ちにその写しを譲渡担保権者に提出するものとする。
  ① 本件対象動産について第三者との間で何らかの紛議等が生じた場合
  ② 本件対象動産について再エネ法第6条の認定が取り消された場合又は取り消されるおそれがある場合
  ③ 本件対象動産が故障、損壊、滅失した場合その他変更又は修理を行う必要が生じた場合
  ④ 本件設置場所に係る不動産に関し、所有者の変更、賃貸借契約の解除又は終了、賃借条件の変更その他本件対象動産に悪影響を及ぼす変更が発生した場合又は発生するおそれがある場合
 (2) 譲渡担保権設定者は、譲渡担保権者の事前の書面による承諾なく、本件対象動産を第三者に譲渡し、担保提供その他の処分をし、又は本件対象動産を放棄するなど、譲渡担保権者に損害を及ぼすおそれのある行為は一切行ってはならないものとする。
 (3) 譲渡担保権設定者は、本件対象動産に関し、第三者より仮差押、仮処分、強制執行若しくは滞納処分による差押等があった場合は、本件対象動産を執行官に引き渡すことを拒否すると共に、直ちにその旨を譲渡担保権者に通知するものとする。